中华文明的印迹

国家出版基金项目
NATIONAL PUBLICATION FOUNDATION

周 乾/著

GUDAI JIANZHU
CHUANTONG WENHUA YU JIYI DE DIANFAN

古代建筑

传统文化与技艺的典范

U0323532

辽宁师范大学出版社
·大连·

图书在版编目 (CIP) 数据

古代建筑 : 传统文化与技艺的典范 / 周乾著 . ——
大连 : 辽宁师范大学出版社，2021.12（2023.1 重印）
（中华文明的印迹）
ISBN 978-7-5652-3424-8

Ⅰ . ①古… Ⅱ . ①周… Ⅲ . ①古建筑 – 介绍 – 中国
Ⅳ . ① TU-092.2

中国版本图书馆 CIP 数据核字 (2020) 第 271904 号

古代建筑
传统文化与技艺的典范

出 版 人：王　星
策划编辑：王　星　邓丽萍
责任编辑：邓丽萍　阎莉颖
责任校对：杨焯理
装帧设计：李小曼
出 版 者：辽宁师范大学出版社
地　　址：大连市黄河路 850 号
网　　址：http://www.lnnup.net
　　　　　http://www.press.lnnu.edu.cn
邮　　编：116029
营销电话：（0411）82159912　82159913
印 刷 者：大连金华光彩色印刷有限公司
发 行 者：辽宁师范大学出版社
幅面尺寸：170mm×230mm
印　　张：20
字　　数：334 千字
出版时间：2021 年 12 月第 1 版
印刷时间：2023 年 1 月第 2 次印刷
书　　号：ISBN 978-7-5652-3424-8
定　　价：110.00 元

总序

　　"中华文明的印迹"丛书，集当代中国文博考古、历史文化领域专家学者的力量，从学术文化视角，依据档案文献，对中国文物古迹进行深入的学术解读与研究，是一部既有较强的学术性又适合大众读者的丛书。

　　中国是悠久的文明古国，有大量的古迹遗存，这些不可移动的文物就是凝固的历史，是中华文明历史传承的表征，是印证历史、传承文明的载体。数千年来历史的积累和叠加形成的古迹遗存，是中华文明传承不断的历史见证。其保护传承的艰难，甚至战火的摧残，都没有改变和动摇其根基。今天，保护和研究这些老祖宗留下的古迹遗存，是我们的一种神圣职责，辽宁师范大学出版社敏锐地选择这一课题具有独到的眼光。

古迹遗存是文化遗产，是文明实体的标志。中华古迹遗存遍布于960万平方公里的辽阔土地之上。展示中华文明，宣传中华文明，需要各领域的专家学者通力合作，田野考古、踏查闾里、寻访遗存，需要做大量的组织工作和细致的踏查寻访，同时还要查阅大量的档案文献，包括官书方志、笔记丛书、手稿日记等，要完成这样繁杂而艰苦的工作，没有坚守中华文明的信念是很困难的。为此，我们感谢出版社和各路专家的积极策划与辛勤付出。

本套丛书作者的研究方法是独到的，即将古迹遗存与档案文献相结合、相比较，探索文物遗存背后的历史真相。许多古迹遗存由于各种原因，历经磨难甚至战争的摧残，都或损或残。今天对文物的研究和书写就是一种修复和保护，也是对中华文明的传承和发扬，以此给中华民族的子孙后代留下传承中华文明的依据。因此，我以为"中华文明的印迹"系列丛书具有继承中华文明、观照当代文明、发扬文明传统的意义。

近年来，有些国家标榜其文明优越，贬低其他国家民族文化。"文明冲突论"再次甚嚣尘上，他们害怕失去"自我优越"，进而歪曲历史，贬损其他国家民族的文明。文明是文化的内核和内在价值，文化是文明的外在表现。中国有五千多年的文明历史，是世界上唯一的文明血脉与历史传统未曾中断的大国。人类文明包括物质文明、精神文明与制度文明，文明囊括了人类历史活动的所有建设性成果。"中华文明的印迹"中涉及的古迹遗存有都城、坛庙、建筑、陵墓、桥梁、名塔、长城、瓷窑、名城、古镇，其文化内涵既包含物质文明，也包含精神文明，又包含制度文明。同时，中华文明又有其特殊性和独特价值。当今时代是一个多维度、全媒体时代，外来文化和本土文化的冲突与碰撞愈演愈烈，中华传统文明受到一定的冲击。因此，树立坚定的文化自信、坚守中华文明、宣传中华优秀传统文化，亦成为当务之急，"中华文明的印迹"系列丛书正是应运而生的产物。

著名的老一辈文物研究保护专家罗哲文先生曾经提出"文物古迹的保护，是一种上对祖先、下对子孙后代的千秋大业。因为文物是具有历史、科学、艺术价值的物质遗存，不仅传给我们这一代，还要传给子孙后代，它又是不能再生产的，一旦遭到破坏就不可再得。因此，我们每一个人都负有保护文物的义务和责任"。中华民族的悠久历史和灿烂的文化印迹，就是这些古迹遗存。它们从古到今一直展示在世人面前，代代呵护，代代传承。因为各种原因，尽管古都名城曾遭破坏，殿阁楼亭曾经斑驳，桥塔寺庙曾经残破，遗址陵墓曾经荒芜，但中华儿女追念先祖、传承国脉的初心一直未变。经过一代代人的不断修缮和保护，古迹遗存的历史得以延续。"中华文明的印迹"系列丛书的出版必将大力促进中华大地上几千年来保存下来的古迹遗存得到更有效的保护和传承。

"中华文明的印迹"系列丛书即将付梓，感念先祖，寄望后代，赘言为序。

朱诚如

于北京故宫城隍庙

2021 年 9 月 16 日

目录

【中华文明的印迹】

古代建筑

传统文化与技艺的典范

第三章 精美技艺

【中华文明的印迹】
古代建筑
传统文化与技艺的典范

第四章 灿烂文化

第五章 科学保护

后 记

目 录

中华文明的印迹

序 言

　　我国是世界文明古国，有着众多突出的文化成就，其典型代表之一即古建筑。我国古建筑的建筑造型艺术和建构技术与西方不同，自成体系，独树一帜，是中国古代灿烂文化的重要组成部分，是古代劳动人民丰富智慧和辛勤汗水的结晶，亦为我国宝贵的物质财富和文化遗产。本序言根据我国历史朝代的进展顺序，选取不同时期的典型代表建筑或史料中关于建筑的相关记载，来探讨该时期建筑的典型特征。

（一）历代典型建筑及相关记载

1. 夏朝二里头宫殿遗址（约公元前 1900—前 1600 年）

　　我国发现较早的宫殿遗址为二里头宫殿遗址，其地址位于河南省洛阳市偃师区境内，距今约 3800~3500 年。二里头宫殿属于夏朝都城遗存。从考古发掘的情况来看，其建筑的构造特点为：地基做法为夯土做法，高出地面约 0.8 米，且地基底部有用于加固的卵石层，地基侧面有坚硬的石灰石层；柱子底部有柱础石，柱架排列齐整，既包括支撑横梁的立柱，又包括支撑屋檐的立柱；廊子部位屋顶前后坡出檐，核心宫殿屋顶则为四面坡均出檐（图序 -1），与西周时期的儒家经典《周礼》中所撰"四阿重屋"的王宫建筑样式相符；屋顶用茅草或芦苇覆盖；墙壁做法为草泥粘糊，即在立柱之间用芦苇束拉结，然后涂上泥巴。明朝文学家冯梦龙所撰《东周列国志》第三回中所载"昔尧舜在位，茅茨土阶"之句，是对这种宫殿建筑样式较为形象的描述。

图序-1 河南省洛阳市偃师区二里头遗址一号宫殿复原模型

2. 商朝殷墟宫殿遗址（约公元前 1600—前 1046 年）

殷墟宫殿遗址位于河南省安阳市的西北郊，属于商代晚期的都城遗址，距今有约 3300 年的历史。20 世纪 70 年代，考古人员在这里发现了数十座建筑群遗址，并对其进行分组，包括商朝王室执政生活区（甲组）、王室用宗庙建筑（乙组）、祭祀用建筑群（丙组）。整个建筑群的布局形式符合《周礼》所撰王宫建筑的布局特点，即"前朝后市，左祖右社"。在这里，"前"指南方，"后"指北方，"左"指东方，"右"指西方，"朝"指执政，"市"指生活，"祖"指宗庙，"社"指土地神。其宫殿建筑营建的技术特点为：对建筑地基挖槽时，先把软土挖出，然后用纯净的土分层夯实回填，地基坡面为下大上小的八字形，有利于地基的稳固；立柱被埋设在预先挖好的柱坑里，柱子底部有密集而又平整的卵石支撑；立柱之间的内外侧用树枝捆扎拉结形成横向骨架，中间填塞黄泥，厚度可达 1 米；屋顶多用庑殿（即四阿顶）形式，且采用了两重（层）屋檐，以凸显建筑的雄伟。屋顶的建造方法为在立柱与横梁形成的骨架之上，搭设竖向的木椽子和横向的木檩，用芦苇束掺泥填充椽檩间隙，再在上面覆盖茅草，做法和形式与夏朝宫殿相似。

3. 西周建筑（约公元前 1046—前 771 年）

周朝的建筑特点可通过古遗址、古文物或古籍内容反映出来。

如《诗经·小雅·斯干》中说明了西周时期宫殿建筑的特征。该诗歌主要歌颂了周宣王姬静迁都并兴建宫室的事迹，包括两个部分：前半部分对周宣王营建的宫殿建筑进行赞美，后半部分则是对宫室主人的称赞。前半部分中形容建筑本身特点的诗句有："如跂斯翼，如矢斯棘，如鸟斯革，如翚斯飞，君子攸跻。殖殖其庭，有觉其楹。哙哙其正，哕哕其冥，君子攸宁。"在这里，"如跂斯翼"是指建筑出现了单层斗拱（即在柱顶之上、屋檐之下出现的组合木构件），以体现建筑所代表的较高的身份特征；"如矢斯棘"是指屋架之上的椽子笔直伸出，可反映屋顶为直坡形式；"如鸟斯革"是指建筑开阔，犹如大鸟伸开翅膀般舒展；"如翚斯飞"是指建筑表面饰以鲜艳的色彩，如同漂亮的雉鸟羽毛一般，可反映建筑外檐有彩绘；"君子攸跻"是指庭院地面之下有高高的台基，主人需登上台基才能进入室内；"殖殖其庭"指的是庭院开阔平整；"有觉其楹"是指檐柱高大竖直，可反映建筑体型较大；"哙哙其正"是指正殿光线充沛，采光好，与坐北朝南的建筑布局形式相符；"哕哕其冥"是指配殿亦有良好的采光效果；"君子攸宁"是指该建筑环境幽雅宁静，适合天子居住。由上可推测出，周朝的宫殿建筑建造在高台基之上，空间开阔，布局严整，柱顶之上已出现斗拱，建筑外立面有彩绘，屋顶宽大，但并非曲线造型。

4. 春秋战国时期（公元前 770—前 221 年）的《考工记》

《考工记》为一部春秋战国时期的古籍，讨论的是包括建筑在内各种工艺的制造方法，又多与人文礼仪联系在一起。《考工记》的诞生开创了我国古代造物活动的新纪元。《考工记》记录的不仅是造物技术，而且涉及理论领域，也涉及人与自然、人与社会的关系。《考工记》与建筑营造相关的内容主要包括：①"匠人建国"部分，介绍建造城市的水平平整及定方位的测量技术，约43字；②"匠人营国"部分，介绍周朝王城的规模、城门数、建筑布局，"四阿"殿及明堂建筑的设计方法，规定不同官职人员居住的城市营建等级，约262字；③"匠人为沟洫"部分，介绍了排水设施的营建

方法，规定了堤防修筑标准，提出了针对不同墙体的设计方法，约264个字。从建筑相关角度讲，《考工记》的内容基本上可分为两部分：一部分是关于春秋战国时期与都城规划、建筑设计相关的礼制规定；另一部分是关于春秋战国时期建筑营造技术的相关规定，如城市的规划，道路、宫室及门墙的尺度，工程测量技术等。

　　建筑规划方面，《考工记》有："天有时，地有气，材有美，工有巧。合此四者，然后可以为良。"这句话的意思是天有天时、节令和阴阳寒暑的交替，地有地气、方位和土脉刚柔的不同，材料要求外观及质量精美，工艺要求精巧。这四个方面结合起来，才能制作出精美的东西，才能营建出完美的建筑。"国中九经九纬，经涂九轨。"这句话的意思是营建的都城中南北、东西大道各九条，每条大道可容九辆车并行。"左祖右社，面朝后市"这句话的意思是宫殿的左边（东边）为祭祖场所，右边（西边）为祭土地神场所，前面（南面）为处理政事场所，后面（北面）为生活场所。"庙门容大扃七个，闱门容小扃三个，路门不容乘车之五个，应门二彻三个。"这句话的意思是宗庙的大门能够容纳大鼎杠（类似木扁担）七个，小的庙门可容纳小鼎杠三个，正寝的路门稍窄于五辆车并行的宽度，王宫的正门应相当于三辆车并行的宽度。这里实际阐述的是宫廷三朝三门制度。"内有九室，九嫔居之；外有九室，九卿朝焉。"这句话的意思是（路门）之内有九室，供后妃们居住；（路门）之外也有九室，供朝政官员办公。即宫殿内供后妃居住，官员办公的房间非常多。以上"九"，均表示数量多。"王宫门阿之制五雉，宫隅之制七雉，城隅之制九雉。""门阿之制，以为都城之制；宫隅之制，以为诸侯之城制。"这两句的意思是王宫卿大夫的屋脊高度为五丈，宫城城墙四角高七丈，王城城墙四角高九丈。卿大夫屋脊的高度，与王宫屋脊高度相同；诸侯房屋四角的高度，与宫城四角高度相同。这明确规定了不同等级官员的房屋高度标准，体现了等级社会中人地位的尊卑。

　　建筑技术方面，《考工记》记载："匠人建国。水地以县，置槷以县，眡以景。为规，识日出之景，与日入之景。"这句话的意思是匠人建造城市时，在地上竖起标杆，通过绳子来测量高度和长度，保持土地的水平。又在标杆上悬挂绳子，观察日影，由此画出圆形，并定出东西方位。汉代郑玄注曰："于四角立植而垂。以水望其高下，高下既定，乃为位而平地。"意思是在拟建设的场地中，四角各立一根标杆，然后用水平测量的工具测量，统一地坪高度，再在此基础上施工。由此可知，古代人有矩，可以测得方角；有绳，可以测定距离；有水（平仪），即可测得高度。这样，就建立起来了三维测量坐标体系。"瓦屋四分"，意思是瓦屋屋架高度不能超过屋架长的1/4，亦即屋架的高度不能太高。这句话是有科学依据的，对于屋架的静力稳定与抗震稳定都有重要的参考意义。"堂涂十有二分"，意思是殿堂台阶前的道路，其中间要比两边高，高出的尺寸按路中央至路边长度的1/12考虑。这种规定亦有科学依据。路面中间高、两边低，则路面不易积雨水。而雨水由路面中间流入路边后，沿着建筑或墙体方向流入排水沟，使得下雨天路面不产生积水。"窦，其崇三尺"，意思是宫中的水道，其截面高约三尺（按古代尺的长度，约为0.6米）。在夏季雨量最大时，采用截面为0.6米左右高的暗沟可满足排水需求。若开挖的暗沟尺寸太大，不仅耗费用工量，而且对沟顶盖板及沟两侧的砖的截面尺寸提出了更高的要求，若达不到要求，沟很可能会塌陷。"囷、窌、仓、城，逆墙六分"，意思是修建圆仓、地窖、方仓或城墙时，顶部要比底部宽度小，小的尺寸为高度的1/6。从城墙的构造来看，其由中间的城土及两端的砖墙组成（图序-2）。由于

▲ 图序-2　陕西省西安市某古城墙剖面

土对砖墙有侧压力，而当城墙高度尺寸较大时，侧压力变大，对城墙的厚度要求增加，若厚度不够，城墙会因抵抗弯矩小于土的侧压力引起的倾覆弯矩而有发生倾覆的危险。而采用顶部收分做法后，一方面，城墙内土的重量减小，对城墙产生的侧压力减小；另一方面，城墙中心离倾覆点距离增大，增加了城墙的抵抗弯矩，有利于城墙本身的稳定。《考工记》还规定了宫墙的建造尺寸标准，即"墙厚三尺，崇三之"，意思是墙厚三尺，高为厚的三倍。由上可知，《考工记》比较具体地反映出春秋战国时期宫殿城池的规划方法和建造技术。

5. 秦朝咸阳宫（始建于公元前 350 年）

咸阳宫位于今陕西省西安市西，始建于秦孝公十二年（前 350 年），是秦孝公迁都咸阳后兴建的一系列宫殿建筑群，为秦始皇和历代秦王举行重要国事活动的场所，主要包括章台宫、兴乐宫、六英宫、华阳宫、芷阳宫等建筑。据考古资料（见秦都咸阳考古工作站撰《秦都咸阳第一号宫殿建筑遗址简报》，载于《文物》1976 年第 11 期）记载，咸阳宫的一号宫殿（发掘编号）遗址位于咸阳市窑店公社牛羊村的北塬，其遗迹显示出的建筑技术特点包括：半圆形夯印的夯土层，可反映地基经过人工夯实，夯实的工具多为木墩或石墩；立柱截面多为方形，嵌固在墙体之间，且底部有坚硬的石块支撑，这些石块平整的一面在上、不规整的一面朝下；夹竹墙皮及土砌壁垒，可反映墙体做法为木骨架核心，竹子作为横向拉接构件，并砌筑一定厚度灰泥以保温隔热；灰泥主要包括粗麦秸泥打底、细麦糠泥为中层、石灰抹面三部分，且部分残留的墙壁白色如新；大量的板瓦和筒瓦残片，可反映秦代制作砖瓦的技术得到了发展；室内地面还残留有方砖，可反映秦代已出现用于地面的黏土砖；室外还有铺砌齐整的方砖沟，中间填卵石，作为排水的通道，可反映秦代建筑的排水技术亦得到了发展。图序 -3 所示为一号宫殿的复原想象图，已知宫殿建筑群为整体二层、局部三层的布局形式，建筑以木质立柱、屋架为核心受力骨架，在二层中心位置布置主体

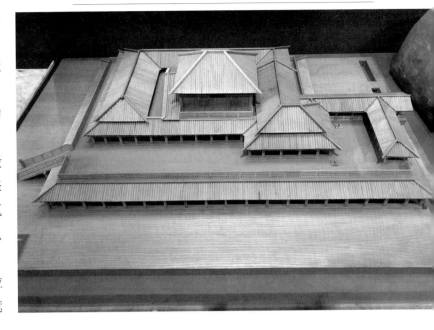

建筑，周边及一层环绕各种附属建筑，极显皇家建筑的庞大与宏伟。

秦代造陶瓦的技艺得到了发展。从咸阳宫一号宫殿遗址的考古资料来看，现场出土的瓦有板瓦(用于底瓦)、筒瓦(用于盖瓦)、瓦当(用于屋檐位置的盖瓦，亦称遮朽)，其陶质坚硬，颜色呈青灰色。板瓦长度多为 0.56 米，筒瓦长度多为 0.62 米，比清代最大号的板瓦、筒瓦都要长 0.2 米左右。瓦当纹饰丰富，有云纹、动物纹、植物纹，而云纹数量最多。图序-4 所示为出土于辽宁省葫芦岛市绥中县的秦代超大型勾头复制品照片，可反映出其所属建筑(推测为秦始皇东巡所建行宫)体型的庞大；勾头圆弧面光滑、厚度均匀，可反映瓦件的制作技术较为成熟；勾头前面的图纹为夔凤纹，这种纹饰由青铜器上的龙纹、凤纹、鸟纹演化而成，对称而又精美，可反映秦代建筑中的美学运用；其通体青色，可反映较高的烧造技术(烧制技术不足时瓦身呈红色)。

6. 西汉未央宫(始建于公元前 200 年)

未央宫是西汉政令中心，位于今陕西省西安市未央区，汉高祖七年(前 200 年)，由汉高祖刘邦下令在秦章台的基础上修建而成，现仅存遗址。考古发掘表明未央宫是一个大型宫殿建筑群，主要由前殿、宣室殿、温室殿、椒房殿、昭阳殿等 40 余座宫殿建筑组成，其中，前殿是最重要的建筑，居于建筑群的中央。东汉史学家班固

▲ 图序-4　辽宁省葫芦岛市绥中县出土的秦夔凤纹勾头（复制品）

的《西都赋》对未央宫的建筑特色有较为细致的描述。其中，"其宫室也，体象乎天地,经纬乎阴阳"，意思是未央宫的建造遵循了星象、阴阳等规律，且建造在"大地中央"的位置；"树中天之华阙，丰冠山之朱堂"，意思是未央宫的前面有高大的阙台，类似于今天故宫午门的燕翅楼，阙台之后则是豪华的红色宫殿建筑群；"因瑰材而究奇，抗应龙之虹梁"，宫殿用精美的材料建造，其建筑构件体量巨大、造型优美；"列梓椽以布翼，荷栋桴而高骧"，屋檐椽子排列齐整，曲线优美，犹如鸟张开翅膀，而各个建筑又如骏马般气势昂扬；"雕玉瑱以居楹，裁金璧以饰珰"，立柱下有如白玉般的石质柱础，其瓦面为黄金般的颜色，显得辉煌；"发五色之渥彩，光焰朗以景彰"，殿堂金碧辉煌，外檐饰以五颜六色的色彩（彩画），而殿内充满着光亮（坐北朝南的布局形式，采光较好）；"于是左城右平，重轩三阶"，建筑外广场上既有上下步行的台阶，又有车行的平阶，且栏杆重重，可反映建筑较高的等级；"焕若列宿，紫宫是环"，未央宫的前殿居于核心位置，其他宫殿像众星拱月般环绕在周边。从《西都赋》的描述中不难看出，以未央宫为代表的汉代宫殿建筑高大雄伟、富丽堂皇，呈现出精美的艺术特征。

7. 东汉铜雀台（始建于 210 年）

铜雀台位于河北省邯郸市临漳县境内，始建于东汉建安十五年（210年）。曹操击败袁绍后营建邺城，修建了铜雀台，以彰显他平定四海之功劳。北魏时期地理学家郦道元所撰《水经注》对铜雀台有较为细致的描述。其中，"中曰铜雀台，高十丈，有屋百一间"说明铜雀台建立在正中位置（旁边还有金虎台和冰井台），建筑本身高约24米（汉代1丈约为2.4米），约8层楼高，含房屋上百间；"凡诸宫殿、门台、隅雉，皆加观榭"说明建筑的种类丰富，含有宫殿、门楼、城墙，均建造在楼台上；"层甍反宇，飞檐拂云，图以丹青，色以轻素"，说明建筑体量高大，屋檐有着优美的弧形曲线，建筑外表装饰有华美的彩画，可反映出建筑的壮丽与雄伟。另晋朝文人陆翙在《邺中记》里写到铜雀台、金虎台、冰井台"三台相去各六十步（约90米）"，说明铜雀台与其他两座高台有栈桥相连接，可反映东汉建筑技术的发展。

汉代陶屋多属于随葬明器中的建筑模型，可较为真实地反映出汉代建筑的特点。单檐庑殿式样屋顶的陶屋，特点是有四个坡、五条脊，可体现建筑整体的雄伟。瓦顶上有一道道瓦垄，而瓦垄端部采用了瓦当（俗称猫头，位于瓦垄的最前端，用于遮挡屋檐处的筒瓦），可反映瓦件制作技术在汉代已比较成熟。瓦垄为直线造型，可反映建筑屋顶排水技术尚不成熟，未充分考虑到屋檐上水的反渗影响。斗拱一般用于较高等级的建筑（如宫殿、庙宇）。而图序-5中陶屋的转角处有斗拱，且斗拱的坐斗、曲线形拱、升、翘等构件比较齐全，尽管尚未见斗拱出踩的做法，但仍可以反映斗拱的运用得到了发展。斗拱之上、瓦面之下有较大截面的檩，这是清代檩枋组合件的雏形。

8. 魏晋南北朝时期的北魏平城（398—494年）

北魏天兴元年（398年），北魏道武帝迁都平城（今山西省大同市），大兴土木修建皇宫。从天兴元年至太和十八年（494年）的97年间，北魏都城平城使大同进入历史上最辉煌的时期，其建筑构造也体现了历史与民族特色。从现存的壁画、石窟，挖掘出的古文物（图序-6）来看，北魏平城古建筑的主要做法具有以下特点：

△ 图序–5 藏于北京古代建筑博物馆的有斗拱的汉代陶屋

（1）基础：基础采用灰土分层夯实做法。夯土台基的做法是先从原地表向下挖基槽，深1~1.6米，然后向上逐层起夯，夯层厚度一般为8~13厘米，有的夯层为15厘米或16厘米，夯窝平面为大小不等的圆底椭圆形，直径6~7厘米。台基和踏道的夯筑是分别进行的，而不是整体夯筑，夯土台基的部分位置使用青砖包砌。

（2）柱架：从石窟和壁画上看，柱身断面通常为正八角形、方形、圆形，柱身有的平直，上下径相等，有的做成梭柱，柱与柱之间的结合构成简单的支撑体系，横向之间的联系不够牢固，需要夯土墙来保持构架的横向稳定。柱底为柱顶石，上面有精美花纹，中间有海眼。

（3）斗拱：从现存石窟雕塑的刻画特点来看，平城时期的斗拱主要形式是一斗三升（后期用作柱头铺作），间以人字拱（后期用作补间铺作）组合于檐下。

（4）屋顶：秦汉时期建筑的直坡屋顶形式是大叉手式的屋架结构，其屋顶为直线型坡屋顶，而在平城建筑中已经出现抬梁形式，并没有大叉手，所以屋面不一定要求具有斜直的坡度。北魏时期留下来的石刻建筑图像中，建筑屋顶均有曲面，而且建筑的翼角有起翘，由此可以判断屋面的结构形式发生了变化，只有运用了抬梁的形式才能解释这种变化，应该说抬梁形式的运用促进了曲面屋顶的出现。另从石窟、壁画中可看到，庑殿顶是主要的屋顶形式。庑殿

▲ 图序-6 山西省大同博物馆藏北魏石棺椁建筑

顶是我国古代高等级的建筑屋顶形式，在汉代已经有了相对成熟的结构组合。平城庑殿顶有变化的趋势，从直坡屋顶过渡到曲面屋顶，可以想象当时的大木作体系的结构发生了变化。

（5）瓦面：从体型来看，瓦为较小类型的瓦，这种小型的瓦，便于铺在凹面的屋顶上，这说明在孝文帝时期屋顶已经出现了曲面。屋顶的交界面往往做合缝处理，选择用板瓦或灰泥等铺盖起来，从而形成脊的形式。

9. 隋朝赵州桥（594—606 年）

隋朝现存的建筑实物以赵州桥为典型代表。赵州桥又称安济桥，位于河北省石家庄赵县的洨河上，横跨在 37 米多宽的河面上，因桥体全部用石料建成，当地称之为"大石桥"（图序 -7）。赵州桥始建于隋开皇十四年至大业二年（594 年—606 年），距今已有 1400 多年的历史，设计者为隋朝工匠李春。桥长 64.4 米，宽 9 米，桥面分为三道：中道行车，左右二道行人。赵州桥是世界上保存最完整的古代单孔敞肩石拱桥，被世界公认为"天下第一桥"，在世界桥梁建造史上具有极其重要的位置。我国桥梁专家茅以升（一作"昇"）在《中国石拱桥》中提到，赵州桥建成至今（文章发表于

1962年），经历了10次水灾、8次战乱和多次地震，特别是1966年3月8日的邢台地震，赵州桥离震中只有40千米，都没有受到破坏，可见赵州桥的牢固和稳定。

赵州桥的主要建筑特色包括如下几个方面：

其一，单孔形式。中国古代传统的长桥，一般采用多孔形式，这样每个孔之间跨度小，桥坡度平缓，便于修建。但也存在问题，如桥墩多，不利于船只通行，也妨碍泄洪。此外，桥墩长期受水流冲击、侵蚀，易坍塌。赵州桥采取单孔形式，河心不立桥墩，桥拱高只有7.2米，弧半径27.7米，拱高和跨度比约1∶5。赵州桥实

现了低桥面和大跨度的双重目的，有利于解决上述问题。其桥体石拱跨径达 37 米，是中国桥梁建筑史上的创举。

其二，敞肩式圆弧拱的应用。敞肩即在主拱的两肩上分别架设小拱，做成空撞券的形式。赵州桥每端各有两个敞肩小拱。赵州桥敞肩式圆弧拱有很多优点。如这种形式可节约材料，减轻桥身的重量。经过科学分析，赵州桥两端如果不做成敞肩形式（即做成实体形式），那么需要多花费 700 吨的石材。这么大的重量压在桥底地基上，将增加桥体对地基土的压力，有可能增加桥体的下沉量，不利于桥体本身的安全。采用敞肩式圆弧拱后，桥体变轻，更加紧固，

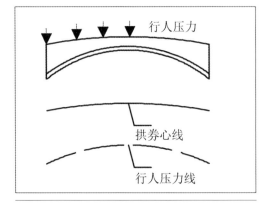

▲ 图序-8　实体形式圆弧拱券心线与行人压力线关系

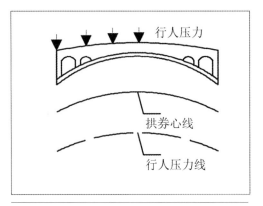

▲ 图序-9　敞肩式圆弧拱券心线与行人压力线关系

地基受到的桥体压力变小，有利于桥体安全。又如这种形式有利于桥体本身受力。如果桥肩采用实体形式的圆弧拱，那么桥上的行人（或车辆）对桥体施加的压力线形状与桥体圆弧拱券心线的形状差别很大，这样不利于桥体受力（图序-8）。当桥肩采用敞肩式圆弧拱后，行人（或车辆）对桥体的压力线形状与圆弧拱券心线形状基本一致（图序-9）。这样使得桥体各个位置几乎是均匀受压，有利于减小桥体受到的压力。这是赵州桥千年来保持完好的重要原因。再如这种形式有利于泄洪。在洪水季节，河水水面上涨。赵州桥的桥肩若采用实心圆弧拱，那么不仅不利于泄洪，而且上涨的洪水会对桥体侧面产生冲击力，不利于桥体的安全。当采用敞肩式圆弧拱后，洪水可及时泄除，保证了桥体的安全和稳定。最后就是这种形式的砌筑方法合理。主拱券的砌筑方法为纵向并列砌筑，这有利于每个拱券独立站稳，自成体系，也便于逐次和分段施工，可节约大量支撑材料。同时，由于每道拱券独立，大拱由 28 道拱券拼成，每道拱券由 43 块各重约 1 吨的长方形石块砌成，就像很多同样形状的拱合拢在一起，形成一个弧形的桥洞。每道拱券都能独立支撑上面的重量，一道坏了，其他道不致受到影响。

其三，牢固的桥台基础。经过专家调查，发现重达2800吨的赵州桥，它的根基只有5层石条，桥台高1.56米，直接建在自然砂石之上。这说明李春根据自己多年的实践经验，经过严密的勘查、比较，选择了蛟河两岸较为平直的地方来建造桥梁。桥基所在的地基由河水冲刷而成，表面为粗砂层，往下依次为细石、粗石、细砂和黏土层。这种自然而成的均匀、密实的地基具有很强的承载力，可满足支撑赵州桥的要求。经过科学分析，发现赵州桥自建成至今，基础仅下沉了5厘米，可反映赵州桥基础的稳定性和选址的合理性。

其四，巧妙的拉接形式。赵州桥的主拱背和四个小拱背均用带圆帽头的铁拉杆进行横穿加固。相邻的拱石之间，用双银锭形腰铁进行拉接。在桥身两侧，设置了长1.8米、外缘向下延伸的勾石6块，进行横向拉接，从而有效地防止了拱券向外倾斜。此外，主拱背上的石块交错铺墁，对下面的28道拱肋起到了纵横双向加固拉接的效果。由于赵州桥每一跨均为纵向砌筑，其纵向稳定性本身就好，而横向又得到了拉接，这样一来，赵州桥整体性能增强，保证了桥体的稳定性。赵州桥的上述拉接形式体现了我国古代精湛的造桥技术。

其五，精美的艺术图案。赵州桥桥体造型优美，首创的敞肩拱结构形式，四个小拱均衡对称，大拱与小拱构成一幅完整的图画，显得桥体更加轻巧秀丽，体现了建筑和艺术的完美统一。唐朝文学家张鸶曾形容赵州桥如"初月出云，长虹饮涧"，可见其雄伟壮丽、灵巧精美。赵州桥上有精美的石雕栏杆雕刻艺术，其龙兽形象逼真，琢工精致秀丽，为文物宝库中的艺术珍品。如饕餮（tāo tiè）镇桥栏板，其造型栩栩如生。在中国古代传说中，饕餮是一种神秘怪兽。由于饕餮是凶猛的魔兽，具有强大的力量，因此被北方很多少数民族当作护身符，他们把饕餮的图纹刻在器具、建筑、桥梁上，认为

这样就可以有饕餮强大力量的保护，从而不被其他猛兽所吞噬。采用饕餮镇桥的纹饰，是希望能够依靠饕餮的威猛来护卫赵州桥，使其免遭各种侵袭。又如双蛟争胜图纹栏板，其造型活灵活现。龙是中国等东亚地区古代神话传说中的神异动物，为鳞虫之长，常用来象征祥瑞，也代表中华民族。《说文解字》曰："龙，鳞虫之长，能幽能明，能细能巨，能短能长，春分而登天，秋分而潜渊。"说明了龙是无所不能的神兽。龙在中国传统文化中是权势、高贵、尊荣的象征，又是幸运与成功的标志。赵州桥采用了龙纹栏板，象征着赵州桥的神圣和高贵，亦是表达了建造者对赵州桥能消灾辟邪的愿望。

10. 唐朝佛光寺东大殿（始建于 857 年）

佛光寺东大殿（图序 -10）位于山西省忻州市五台县的佛光寺内，始建于北魏孝文帝时期，现存建筑为唐懿宗大中十一年（857 年）建成，为古代僧人礼佛场所。佛光寺东大殿为单檐庑殿屋顶类建筑，面宽七间，进深四间，前檐有 5 扇门，两侧各有直棂窗 1 扇，建筑平面与宋《营造法式》规定的"金厢斗底槽"形式相近。在这里，"庑殿"是我国古代建筑的一种屋顶形式，其主要特征是屋顶有 4 面坡、

▲ 图序 -10　山西省忻州市五台县佛光寺东大殿模型

5 条脊，庑殿类型的屋顶是我国古代建筑中等级最高的屋顶类型；"面宽"是指长度方向；"进深"是指宽度方向；"1 间房"是指 4 根立柱围成的空间；"金厢斗底槽"平面形式是指柱网平面在建筑内围成一圈，把建筑平面分为内外两层空间。

佛光寺东大殿的建造年代由我国古建筑专家梁思成确定。1925 年，日本建筑学家伊东忠太根据自己在中国的建筑考察记录，撰写了《中国建筑史》，并在书中提出了"中国没有唐代及以前的木结构建筑"的观点。这个观点深深地刺痛了梁思成。1937 年，梁思成在赴敦煌考察途中，获得了法国汉学家伯希和所著的《敦煌石窟图录》，并注意到敦煌石窟第 61 号洞中有一幅题为"五台山图"的唐代壁画，其中有一座寺院，名为"大佛光之寺"。时年 6 月，梁思成、林徽因夫妇带着一行人根据《敦煌石窟图录》提供的线索找到了佛光寺，并发现寺内东大殿梁架上有"佛殿主上都送供女弟子宁公遇"的题字，殿外石经幢上有"女弟子佛殿主宁公遇"的题字，且经幢上题写的纪年为唐大中十一年，因而确定东大殿的建造年代为唐。

佛光寺东大殿从底到顶由 3 层组成：立柱组成的柱网、铺作（斗拱）层、屋架层。立柱粗直径长，且从建筑中间部位的立柱开始，其高度向两端逐渐增高，使得建筑立面呈凹形，这种做法称为"升起"，在唐宋建筑中普遍存在。建筑斗拱的高度约为柱子高度的一半，斗拱粗犷而有力，支撑挑檐深远的屋顶，其出挑尺寸在我国现存木构古建筑中最大。屋架在宽度方向上为"八架椽"形式（即屋脊两侧各有 4 根椽子）；最上部用了人字形的叉手；屋架的上下檩之间，有斜向的木构件连接，该木构件称为托脚。运用托脚和叉手是唐代建筑的重要特征之一。屋顶宽大、坡度平缓，两个硕大的螭吻造型立在正脊两端，使得建筑更加威武壮丽。这里螭吻的造型源于汉代的防火神兽。

11. 北宋圣母殿（始建于 1023 年）

圣母殿位于山西省太原市晋祠内，建于北宋天圣年间，为供

奉邑姜而建。邑姜是姜子牙的女儿、周武王姬发的妻子，周成王姬诵的母亲，她为人正直明理，先后辅佐儿子周成王和孙子周康王，为"成康之治"做出了重要贡献。圣母殿面宽七间，进深六间，建筑面积约为560平方米，建筑总高约19.6米，重檐歇山屋顶样式。殿身周围有回廊，为我国含回廊古建中的较早实例。圣母殿有着典型的宋代建筑特征：首先是采用了减柱造的平面布局形式，即前廊和殿内减去了若干立柱，以增大空间；其次是采用了侧脚构造，即最外圈立柱底部向外掰开3~11厘米不等，而立柱顶部不动，使得这些立柱成为类似于八字状的构造，有利于结构的整体稳定；再次就是采用了升起构造，即在建筑长度方向，明间位置的立柱高度不变，由中间向两端的立柱高度增加，使得建筑呈现中间凹、两端凸的曲线形状，既美观，又能提高建筑的稳定性；另斗拱体量大、间距疏、数量少，有偷心造（斗拱出挑层不设置横拱）和假昂（昂没有受力功能，主要起装饰作用）做法；此外梁架采用了"八架椽"形式。圣母殿内有泥塑圣母邑姜1尊，侍女、女官像42尊，均为宋代原物，具有宝贵的文物价值。

宋崇宁二年（1103年），《营造法式》刊行。该书由建筑学家李诫组织编写，是北宋官方颁布的一部关于建筑设计、施工的规范书，也是我国古代最完整的建筑技术书籍。全书34卷，357篇，3555条，规范了各种建筑做法，详细规定了各种建筑施工设计、用料、结构、比例等方面的要求，规定了大木作、小木作、石作、瓦作、雕作、旋作、锯作、竹作、彩画作、砖作等13个工种的制度，并说明如何按照建筑物的等级来选用材料，确定各种构件之间的比例、位置、相互关系。《营造法式》规定了"材""栔""分"等尺寸模数，是模数制在我国建筑领域的较早运用；在各种工种的施工规范后增加了"随宜加减"的说明，使得建筑施工具有一定的灵活性；对建筑施工的经验和技巧进行了总结，集科学性和实用性于一体；不仅规定了建筑的构造做法，对装饰做法也进行了较为详细的说明，有利于建筑力与美的统一；规定了不同工种的劳动定额，严格了施工管理。《营造法式》可反映北宋时期的建筑成就。

12. 辽代释迦塔（始建于 1056 年）

佛宫寺释迦塔，又名应县木塔（图序 –11），位于山西省朔州市应县，建于辽清宁二年（1056 年），为萧三蒨皇后的家庙。有学者研究发现木塔设计以辽尺（1 辽尺 =29.46 厘米）为模数开展，符合辽代建筑特征。木塔平面为八边形，柱网呈内外两圈布置，立柱之间有多个木构件进行斜向支撑，这种斜撑，为辽代木结构建筑的特色之一。木塔建造在 4 米高的台基上，坐北朝南，塔本身高 67.3 米，为世界上现存最高的木塔。塔外观为五层六檐（第一层为重檐屋顶，其余各层为单檐屋顶），但内部设有暗层，因而实际是九层。暗层设在两层之间，从外看是斗拱，内部其实是牢固的木构架。塔顶做成八角攒尖形式，高约 12 米。塔内各层均有塑像，其中一层塔供奉的是释迦牟尼，且塑像体量在全塔各塑像中最大，"佛宫寺释迦塔"也因此而得名。整座塔在粗犷中显得玲珑，古朴中又具有典雅气质。全塔一共用了 54 种斗拱，被称为"中国古建筑斗拱

◀ 图序–11　山西省朔州市应县释迦塔外立面

博物馆"。每层的木柱、梁、斜撑、斗拱牢固地连接在一起，形成套筒结构。斗拱由若干个木构架在纵向、横向、竖向层层叠加搭扣连接而成，不仅可支撑屋檐部位传来的重量，在地震时还会产生弹性减震作用。应县木塔在历史上多次遭受地震，民国军阀混战时期还遭受过200多发炮弹袭击，但仍能较完好地保存到现在，体现了我国古代建筑师的智慧。

13. 元朝浴德堂（约始建于 1260 年）

在紫禁城武英殿的西北角，有一座元代建筑，名为浴德堂。明初萧洵《元故宫遗录》记载："台东百步有观星台，台旁有雪柳万株，甚雅。

▲ 图序-12 北京故宫太和殿正立面

台西为内浴室，有小殿在前。由浴室西出内城，临海子。"书中描述的浴室即为浴德堂。浴德堂在明代为帝王斋戒沐浴的地方。古人在祭祀前沐浴更衣、整洁身心，以示虔诚。那么，为什么在紫禁城中会有一座元代的阿拉伯建筑呢？元中统元年（1260 年）和至元四年（1267 年），波斯建筑师亦黑迭儿丁参与元大都的规划设计，他灵活运用中国古代的建筑成就，借鉴藏传佛教、伊斯兰教和蒙古族建筑的风格，主持修筑大都宫殿，波斯人的建筑理念进而传入中国内地。亦黑迭儿丁对元大都宫殿的规划和设计，主要参考了蒙古汗国首府哈拉和林城的建造思路，在其中设计了一座阿拉伯风格的浴室，即浴德堂。明永乐皇帝朱棣在元大都旧址上肇建紫禁城，并拆除了大量的元代建筑，而浴德堂却幸运地被保留下来了。浴德堂浴室平面为正方形，边长为4米，方砖墁地。地面四边砖砌发券形成3.1米高的拱形墙面，墙面贴白色瓷砖。在四面墙之间砌筑以对角线为直径的穹顶，穹顶高1.7米，整个画面仿佛一个完整的穹顶在四边被发券切割而成。整座建筑没有采用一根木料，也没有使用一根梁，因而又被称为"无梁殿"。浴德堂浴室的重量完全由四个券承担，从而使内部空间获得了极大的自由。穹顶上方为突出屋面的圆形玻璃屋顶，屋顶高约1米。需要说明的是，与明清宫殿多用黄色琉璃瓦不同，元代宫殿多用白色琉璃瓦，如《元史·百

官志》载有："窑厂。大都四窑厂领匠夫三百余户，营造素白琉璃瓦。"基于此，浴德堂室内多用白色面砖。

14. 明清时期的太和殿（始建于1420年）

太和殿位于紫禁城的中轴线南部，建成于明永乐十八年（1420年），为我国现存体量最大、建筑等级最高、保存最为完整的宫殿建筑（图序-12）。太和殿在历史上曾数次遭受焚毁，现存建筑为清康熙三十六年（1697年）重建后的形制。明清时期，太和殿是皇帝举行大婚、登基、册立皇后，举办万寿节等盛大典礼的场所。民间传言太和殿是皇帝上朝的地方，这是不对的。明代皇帝在太和门上朝，清代皇帝在乾

清门上朝。太和殿长 64 米，宽 37.2 米，高 26.92 米，连同台基通高 35.05 米，是紫禁城内第二高的建筑（紫禁城内最高的建筑是午门，从城台地面到屋顶的总高度为 37.95 米）。建筑面宽十一间，进深五间，下层檐采用单翘重昂七踩镏金斗拱，上层檐采用单翘三昂九踩斗拱，十三檩梁架形式，重檐庑殿式屋顶，屋顶两端有重达 4.3 吨的大吻。需要说明的是，镏金斗拱为明清斗拱的最高形制，九踩是紫禁城古建筑出挑最大的尺寸，重檐庑殿屋顶是我国古建筑最高等级的屋顶形式。另太和殿内有雕龙髹金装饰的楠木宝座，地面铺墁金砖 4718 块。金砖不是用黄金制成的，而是从取材到烧制工艺都非常苛刻的黏土砖，由当时苏州相城区陆慕御窑村专烧，经京杭大运河运送进京，在明代每块砖价值数两黄金。太和殿建造在三层须弥座台基之上，极显壮观、威严。

清雍正十二年（1734 年）由清工部颁布《工程做法则例》（又名《工程做法》），其成为清代官式建筑的通用设计及施工规范。所谓官式建筑，即含斗拱做法的建筑，通常以宫殿建筑为主，建筑等级比民间建筑要高。《工程做法则例》由和硕果亲王允礼等人编撰，共有七十四卷。其中，卷一至卷二十七主要说明了殿堂、楼房、转角、厅堂、穿堂、城楼、垂花门、亭子等不同类型建筑的做法，卷二十八至卷四十说明了不同类型斗拱的做法，卷四十至卷四十七说明了建筑装修（门窗、天井）及石作、瓦作、土作相关的做法，卷四十八至卷六十对木作、锭铰作、瓦石作、搭材作（脚手架工程）、土作（地基夯土工程）、油作（油漆工程）、画作（彩画工程）、裱糊作的材料需求量及做法进行了说明，卷六十一至卷七十二则对上述不同的工程的用工定额进行了说明。《工程做法则例》对清代建筑的设计施工、用工用料进行了较为详细的规定，是一本内容较为全面的古代建筑规范书。

（二）本书内容

本书以现存世界上规模最大、保存最为完整的古代宫殿建筑群——故宫古建筑为例，解读我国古代建筑的建筑智慧、建筑技艺、建筑文化和科学保护方法等内容。全书共包括五章，各章内容说明如下：

第一章：纷呈类型。从结构形式、屋顶造型、建筑功能三方面对我国现存的古建筑进行分类。如按照结构形式可分为抬梁式、穿斗式、井干式，按照屋顶造型可分为硬山、悬山、庑殿、歇山、攒尖等类型，按照建筑功能可分为宫殿、园林、坛庙、宗教、民居、陵墓、城市等类型。较为系统地阐述了不同类型古建筑的特点。

第二章：卓越智慧。从防火、防震、防雷、防虫、防暑、御寒等角度解读了我国古建筑的营建智慧，较为细致地分析了古建筑为抵抗上述灾害，在建筑构造、建筑材料、建筑工艺等方面采取的做法，挖掘出这些做法中包含的古代力学、化学、光学、热学等科学知识。

第三章：精美技艺。以金砖墁地为例，从处理垫层、定标高、冲趟、样趟、揭趟、浇浆、上缝、铲齿缝、刹趟、打点、墁水活、泼墨钻生、烫蜡等角度出发，解读了我国古代建筑精湛的施工技艺；以太和殿为例，从建筑布局、建筑造型、建筑装饰、建筑色彩、建筑陈设等角度出发，探讨我国古建筑蕴含的艺术理念；从紫禁城古建筑的构造角度出发，品鉴了我国古建筑的立柱、榫卯、斗拱等构造的建筑之美。

第四章：灿烂文化。解读了我国古建筑坐北朝南、负阴抱阳等的选址文化；分析了紫禁城古建筑宝匣、镇物及合龙仪式的文化内涵；剖析了清代烫样文化，结合样式雷制作的各种烫样模型，分析了烫样的历史文化价值；从"龙生九子""凤""太和门前铜狮"等方面来解读神兽文化；从"石别拉""须弥座""水缸"等方面来解读陈设文化。

第五章：科学保护。基于丰富的图片，对立柱、榫卯、斗拱、檩枋、屋顶、墙体等古建筑构造的残损（结构病害）问题进行分类汇总，分析开裂、拔榫、歪闪、风化等常见残损问题的产生原因，提出科学保护建议。

第一章
纷呈类型

　　我国的古建筑是我国优秀传统文化的瑰宝，体现了我国古代工匠的勤劳和智慧。我国古建筑多以木构架为主，建筑布局均匀对称，其榫卯连接的特有形式及柱顶上层层叠加的斗拱做法，体现了东方古建筑的精湛技艺和独特韵味。我国古建筑装饰内容丰富且具有独特的艺术欣赏性，例如，富有弹性的屋顶曲线及两端起翘的"反宇"给人以磅礴大气的感觉，鲜艳的油饰彩画能够集立面造型的艺术性与保护木构件的实用性于一体。我国古建筑数量众多，涵盖范围广泛，可按照结构形式、屋顶造型、建筑功能等方面进行分类。

一 结构形式

我国的古建筑以木结构为主，其主要构造特点是木梁、木柱作为建筑的核心受力骨架，承担屋顶的重量，并将其传给基础。从结构形式上讲，我国古建筑木结构分为抬梁式、穿斗式、井干式三种类型。

（1）抬梁式：这种结构形式是柱顶之上安装一根水平木梁，木梁两端附近各安装一根短立柱，短立柱之上再安装一根截面稍小、长度稍短的水平木梁，该木梁两端附近再各安装一根短立柱，短立柱之上再安装一根截面、长度更小的水平木梁，依此类推，直至最上层的梁与屋顶最高点充分接近。木梁在高度方向层层叠加，犹如被抬起一样（图1-1），因而这种木结构形式被称为"抬梁式"。需要说明的是，梁一般是指与宽度方向平行的承重木构件，截面呈长方形。抬梁式大木构架的特点是粗

▲ 图1-1　抬梁式木构架

梁肥柱，承载力强，因而可用于高大的宫殿建筑，常见于我国北方地区。

（2）穿斗式：这种木构架形式的主要特点是木柱直接支撑檩，没有梁。所谓檩，即古建筑大木结构中与建筑长度方向平行的承重木构件，截面一般为圆形。立大木构架时，首先在进深方向（即建筑宽度方向）安装一排立柱，然后在柱子上直接安装檩，檩上面再架椽子。为了保证立柱的整体性，通常用一根根水平穿枋贯穿立柱以进行拉接（图1-2），因而这种构架形式被称为"穿斗式"。穿斗式木构架的柱、穿枋、檩截面尺寸均比较小，构架造型精巧灵秀，常见于我国南方的贵州、湖南、四川等地区的民居建筑。

（3）井干式：这种木构架形式的主要特点是不设横梁或立柱，将截面为圆形或者方形的木构件层层叠加，形成围护结构，再在建筑两侧的墙顶上安装檩木、椽子以支撑屋顶（图1-3）。木构件在转角位置做交叉咬合处理，以提高结构的整体性。由于这种结构形式犹如古代井台的栏杆，因而被称为"井干式"。井干式木结构体系虽然构造简单，但是需要耗费大量的木材，因而井干式建筑常见于我国木料资源比较丰富的东北林区和西南山区。

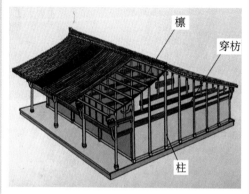

▲ 图1-2　穿斗式木构架示意图

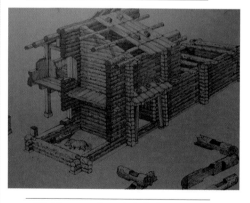

▲ 图1-3　井干式木构架示意图

二 屋顶造型

▲ 图1-4 硬山屋顶

按照屋顶造型分类，我国的古建筑主要可分为硬山、悬山、庑殿、歇山、攒尖等类型。

硬山式屋顶的主要特征是屋面只有前后两个坡，山墙遮挡了屋檐的木构件（图1-4）。在这里，山墙是指与建筑宽度方向平行的外墙。悬山式屋顶也只有前后两个坡，但是其屋檐的木构件露在山墙外（图1-5）。庑殿屋顶的主要建筑特征是屋面有前后左右4个坡、

▲ 图1-5 悬山屋顶

▲ 图1-6 庑殿屋顶

▲ 图1-7 歇山屋顶

▲ 图1-8 攒尖屋顶

5条脊（图1-6）。歇山式屋顶建筑的特点可以这样形容：在庑殿屋顶正中部位用"切割机"进行水平切割，拿去上面的部分，再盖上一个悬山屋顶（图1-7）。具有上述类型屋顶的建筑被称为正式建筑，其平面布局多为长方形。这些屋顶类型在封建社会对应着不同的等级，等级由高至低的屋顶类型依次为庑殿、歇山、悬山、硬山。攒尖屋顶的主要特征是无论屋面有多少条脊，最终都会汇集到一点，这个点被称为宝顶（图1-8）。由于攒尖屋顶的建筑平面造型丰富，可做成圆形、扇形、梅花形等，因而其被称为杂式建筑，不参与等级划分。

我国古建筑屋顶还有盝顶、盔顶、穹隆顶等类型，但数量相对较少。盝顶屋面的特点可做如下假设：对屋顶正中部位进行完整水平切割，将上部分拿掉，剩下的屋顶造型即为盝顶。盔顶的立面造型犹如古代将士的头盔。穹隆顶外观呈球形，见于伊斯兰教建筑的天房。

按照建筑功能分类，我国古建筑可分为宫殿建筑、园林建筑、坛庙建筑、宗教建筑、民居建筑、陵墓建筑、城市建筑等种类。

（一）宫殿建筑

"宫"在古代专门指帝王的住所。"殿"在古代泛指高大的房屋，后专指供奉神佛或帝王受朝理事的大厅。"宫殿"则是指帝王从政和居住的地方，古代帝王为了巩固自己的统治，突出皇权的威严，满足执政和生活的需要而建造规模巨大、气势雄伟的宫殿建筑。宫殿建筑是我国古代建筑中最高级、最豪华的一种类型。作为帝王专用的建筑，宫殿建筑普遍具有以下几个特点：

（1）宫殿是皇权的象征。宫殿建筑作为建筑的一种，满足使用者的场所需求，但还有一定的特殊意义，即皇权的象征。宫殿建筑为帝王专用，体量一般比较宏伟，装饰豪华，体现了帝王的身份。所有建筑都沿南北中轴线排列，并向两旁展开，布局严整，东西对称，建筑精美，豪华壮观，气势博大雄伟，这一切都是为了突显专制王权至高无上的权威。

（2）宫殿建筑反映了鲜明的等级观念。在建筑造型、体量、色彩、朝向、斗拱出踩、屋顶小兽数目等方面，宫殿建筑能体现鲜明的等级观念。相对于普通建筑而言，宫殿建筑的体量更大，造型更雄伟，色彩以体现皇权的黄色为主，朝向以坐北朝南为主要方向，斗拱出踩数目多，小兽数目多且多为单数。宫殿建筑与普通建筑在上述方面的差异，使得封建等级制度在建筑形式上表现得非常明显。

（3）宫殿建筑群规划较为合理，并具有典型的中国传统文化

内涵。如皇帝办公区、生活区、祭祖及祭神场所分区明确，不同类型建筑的布局符合中国传统的阴阳五行、朴素的宇宙系统论以及风水文化特征，如阴阳协调等。我国现存的宫殿建筑群仅有两个：故宫和沈阳故宫。

故宫即明清时期的紫禁城，位于北京市中心，建成于明永乐十八年（1420年），是明清皇帝处理政务和生活的场所。故宫现存房屋1000余座、9000余间（古建筑领域中，前后4根柱子围成的空间称为1间房），是世界上现存规模最大、保存最为完整的木结构古代宫殿建筑群。从建筑布局来看，紫禁城由前朝、内廷、左祖、右社四大功能分区组成。其中，前朝建筑位于紫禁城的南部，主要包括太和殿、中和殿、保和殿及文华殿、武英殿等建筑区域，为帝王处理政务的场所；内廷建筑位于紫禁城的北部，主要包括乾清宫、交泰殿、坤宁宫及东西六宫等建筑区域，为帝后、妃嫔的生活场所；左祖位于紫禁城的东部（今太庙），为帝王祭祀祖先的地方；右社位于紫禁城的西部（今中山公园附近），为帝王祭祀土地神的场所。紫禁城的古建筑具有雄伟的外观、有序的构架、绚丽的色彩、优美的造型、精湛的技艺、丰富的信息、和谐的环境，是人类宝贵的文化遗产。

沈阳故宫（又名盛京皇宫）位于辽宁省沈阳市的市中心，建成于清崇德元年（1636年），是清朝初期的皇宫，明思宗崇祯十七年（1644年）清入关后，成了陪都宫殿。沈阳故宫现存房屋100余座、500余间，至今保存完好。沈阳故宫的建筑布局由东路、中路和西路组成。其中，东路建筑为皇帝举行重要仪式及八旗官员办公的场所，主要有大政殿和十王亭；中路建筑为皇帝进行政治活动及后妃居住生活的场所，主要建筑包括大清门、崇政殿、凤凰楼、清宁宫等；西路建筑为皇帝东巡时读书、看戏及存放《四库全书》的场所，主要建筑包括戏台、嘉荫堂、文溯阁等。沈阳故宫的建筑既具有满族特色，又受到汉族建筑文化的影响，比如"宫高殿低"的建筑外形特征、建筑的装饰纹样、口袋房及室外烟囱的设置等使得建筑群具有典型的满族建筑特点。而建筑群以中轴线为核心，左右两侧建筑对称的布局形式以及"前朝后寝"的功能分区特征，又具有浓厚的汉族建筑特点。

（二）园林建筑

园林建筑通常是指建造在园林内的各类建筑，其主要特点是自然环境与人造建筑相结合，充分利用山水和植被条件，打造适于人欣赏的优美场景。我国的古代园林早在商周时代就出现了，在之后的历朝历代都有着不同程度的发展，到清朝则趋于成熟。我国古代园林可分为皇家园林、私家园林、纪念园林、寺庙园林、名胜园林等类型。其中，皇家园林为帝王专享，一般富丽堂皇，皇权象征意义浓厚，如北京颐和园；私家园林主要为私人拥有，以修身养性、自我娱乐为主要功能，如浙江省嘉兴市海盐县的绮园；纪念园林是为纪念人或事而建造的园林建筑，以表达缅怀之情，如安徽省合肥市中心南侧的包公祠；寺庙园林是体现宗教（多指佛教和道教）信仰的园林，是寺庙建筑、宗教图腾与人为场景的统一体，如浙江杭州西湖以西的灵隐寺；名胜园林是指含有名山、名水、名楼等知名景物的园林，如浙江杭州的西湖。

颐和园是我国古代园林建筑的代表。颐和园的前身为清乾隆十五年（1750年）在北京西郊营建的清漪园，咸丰十年（1860年）毁于英法联军之手，光绪十四年（1888年）重建并改为现名。颐和园是我国保存最为完整的皇家园林，现有各种园林建筑3000余间，有着"皇家园林博物馆"的称号。颐和园以万寿山和昆明湖为主体，分布着满足行政、生活、游览等不同需求的建筑，满足了清代帝王的日常需求。颐和园整体以水取胜，主要景点都在昆明湖附近；充分利用山水景色，巧妙地布置不同类型的休闲建筑；将万寿山与昆明湖进行结合，形成湖光山色的美景；建筑形式丰富，可以说荟萃了各类古建筑艺术的精华。颐和园的建筑类型很丰富，包括殿、堂、榭、阁、斋、馆、轩、台、亭、廊、塔、舫、桥、墙等多种形式。下面以北京颐和园为例，对园林建筑形式进行说明。

（1）殿："殿"主要为皇帝受朝、处理公务的场所。皇家建筑群里面，殿是极其重要的建筑。在园林建筑中，殿的外观相比其他建筑形式要更加雄伟，内部空间更加开阔，气氛更加庄严肃穆，便于皇帝开展政务活动。如位于颐和园东宫门内的仁寿殿，殿名出自《论语·雍也篇》中"知者乐，仁者寿"一句，意思是实行仁政者长寿。仁寿殿坐西向东，面阔七间，两侧有南北配殿，前面有仁寿门，门外有九卿房，它们组成了颐和园的政治活动区。

（2）堂："堂"主要指居住场所，其位置一般坐北朝南。堂的构造比殿要灵活，形式富于变化，在结构上相对简单，在装饰上富有特色。园林中的山水花木常在堂前布置，使得堂成为观景的绝佳场所。如颐和园的乐寿堂位于万寿山东南麓，西接长廊，面临昆明湖，曾经是慈禧太后的寝宫。其包括前后两进院和东西跨院，共有大小房屋 49 间，全部用廊连接，到达周边建筑十分方便。

（3）榭："榭"是指以周围景色而见长的园林休憩建筑。榭可以建在土台上，也可以建在水面上。榭的平面多为长方形。榭一般多开敞，或者设有窗扇，可作为园林院落的配殿，以利于人们休息、眺望。如位于颐和园东部的玉澜堂，其西配殿为藕香榭。"藕"通"藕"，由于藕香榭毗邻昆明湖，而昆明湖畔有很多荷花，因而借用"藕"字来形容该园林建筑的雅致，说明藕香榭主要是为了赏荷花而建。

（4）阁："阁"是指类似楼房的建筑物，平面多为长方形、六角形或八角形，层数多为两层或三层，其四周通常设槅扇或栏杆回廊，以供远眺、休憩、藏书和供佛。在景观方面，阁往往是画面的主题或构图的中心。如佛香阁位于万寿山前山正中，是一座八面三层四重檐的建筑。阁高 41 米，下有 20 米高的石台基，用巨石垒成 114 级台阶。阁建于山腰，体量宏大，顶覆盖黄绿色琉璃瓦，飞檐翘角，鎏金宝顶，气势非凡。登上阁楼，可南观昆明湖，西眺玉泉山，东南望京城宫殿，各种美景尽收眼底。

（5）斋："斋"的原意为洁身静心，后引申为修身养性的场所。

由于任何建筑都可以满足这一目的，因而斋没有特定的形式。园林建筑中的斋一般选择建在幽静之处，虽有门廊可供自由出入，但是需要一定的遮掩。斋前面的庭院较为宽广，有利于栽植花草。斋的室内宜洁净但不宜太敞亮，以利于保护主人活动的隐私性。如永寿斋位于慈禧居住的乐寿堂东跨院北侧，是清朝太监李莲英在颐和园的住处。该建筑所处位置较为静僻，室外宽阔，室内空间分割巧妙紧凑，环境幽雅。

（6）馆："馆"是接待宾客、供宾客临时居住的建筑。在园林建筑中，馆的称谓多样化，无特殊规定，凡是可供观景、起居、娱乐的建筑场所均可取名为馆，其名字根据建筑的功能而确定。馆一般由建筑群组成，且所处的地势较开阔。如听鹂馆原为乾隆为其母看戏所建，由两层戏台及附属建筑组成，因古人常借黄鹂鸟的叫声来形容人声的优美动听，故将该馆称之为"听鹂馆"。

（7）轩：明代计成在《园冶》中，对轩的定义为"轩式类车，取轩轩欲举之意，宜置高敞，以助胜则称"。由此可知，轩类似于马车，有着高高的顶棚，而且多建在高地。在园林建筑中，轩是指一种以敞亮为特点的建筑形式，一般体型较小，有窗或廊，构架轻盈，可依据观景需要而选择建造地点。如位于颐和园万寿山前、长廊西段的鱼藻轩，其名源于《诗经·小雅·鱼藻》："鱼在在藻，有颁其首。王在在镐，岂乐饮酒。"鱼藻轩临昆明湖而建，通过游廊与颐和园长廊相连，建筑通畅开阔，装修雅致，交通便利，利于游人欣赏湖景。游人在轩中驻足，清风拂面，近看涟漪不惊，远视岸柳轻扬，顿感心旷神怡。

（8）台："台"或称眺台，供人登高望远之用，一般位于池边或者高地。台的选址很有讲究，要求做到既有远景可眺望，又有近景相衬托。台虽然不带一瓦一木，但如果设置适宜，会是赏景至佳点。明清园林中，"或掇石而高，上平者；或木架高而版平无屋者，或楼阁前出一步而敞者"都可被视为台。如位于颐和园长廊北侧的国花台，于光绪二十九年（1904年）建，依山做梯状花台，遍植牡丹。

不仅花香扑鼻，环境优美，而且台的位置毗邻昆明湖，为赏景理想之处。

（9）亭："亭"是供游人休息及赏景之处，可依据游览路线灵活选址。亭子一般开敞通透，柱间不设门窗，下部有坐凳及护栏，上部可做与环境相协调的装饰图纹及彩画。亭子造型亦可丰富多彩，平面可为三角形、四角形、五角形、梅花形、圆形等多种形状，立面可做成单檐（单层屋檐）、重檐（双层屋檐）等不同形式。亭子一般体积轻巧，适合在园林中点缀风景。如秋水亭，它位于颐和园长廊的一段连接处，傍昆明湖而立。其名取自《滕王阁序》中"落霞与孤鹜齐飞，秋水共长天一色"一句。秋水亭属于八角重檐攒尖亭，空间开阔，造型婀娜多姿，屋檐起翘充满曲线之美。游人驻足亭内，既能小憩，还能怡情。

（10）廊："廊"在中国建筑中起到分割空间的作用，其形式可分为回廊、曲廊、直廊、爬山廊、桥廊等，在造型上还可分为双面空廊、单面空廊、双层廊、复廊等。颐和园长廊位于万寿山南麓和昆明湖北岸之间，呈东西走向，有273间，长728米，是中国古典园林中最长的游廊。颐和园的长廊并不单调枯燥，除了满足游人遮风避雨的功能需求外，其依据周边地势起伏，在每个转折之处，都建造了八角亭进行巧妙连接。而在长廊的屋檐额枋上，布置有彩画14000幅，绘画题材丰富多样，有人物、山水、花卉、动物、历史故事等，增添了游人欣赏的雅兴。

（11）塔："塔"本来是一种佛教建筑形式，大约在公元1世纪时由印度传入中国。随着佛教在中国逐渐盛行，塔与园林建筑中的亭、台、楼、阁等传统建筑形式相结合，形成了独特的艺术风格。塔的种类繁多，造型优美，在点缀园林、丰富园林的立体空间上起到了重要作用。如位于颐和园万寿山后花承阁的多宝琉璃塔，建于清代乾隆十六年（1751年），是乾隆皇帝为庆祝皇太后六十寿辰而建造的。该塔是一座楼阁式与密檐式相结合的塔，塔身呈不等边的八角形，上下共分为七级，通高16米，整座塔身都是用黄、绿、青、蓝、紫五色琉璃砖镶嵌而成的。多宝琉璃塔整体造型优美，各层之间的比例匀称，尤其是塔身上镶嵌的五色琉璃砖使塔身呈现出丰富的色彩。

（12）舫："舫"是在园林的水面上建造起来的一种船型建筑物，供人们临水休闲、赏景之用。舫的下部即船体，由石料建成；舫的上部则由木料建成。舫一般三面临水，一面与岸相连。舫像船但又不能动，因而又名"不系舟"。人处其上，犹如身置舟中，颇有情趣。如位于万寿山西麓岸边的清晏舫，原名石舫，为清乾隆二十年（1755 年）所建。常言道"水能载舟，亦能覆舟"，但由于石舫永覆不了，所以含有江山永固之意。石舫于咸丰十年（1860年）被英法联军所毁，后于光绪十九年（1893 年）重建，重建后的石舫仿造洋式舱楼改建成舱楼形式，并改名为清宴舫。该建筑建于水面上，船体长 36 米，用巨大的青石雕刻而成，两层舱楼为木结构，但被油饰成大理石纹样，从远处看犹如船通体为石质。舱楼顶部用砖雕装饰，显得非常华丽精巧。

（13）桥：由于中国园林是写意的，自然山水较多，水域面积占据了一定的比例，因而桥梁亦为园林建筑中不可或缺的部分。桥梁可点缀水面景色，增加景物层次，引导游览路线，且桥梁自身也是园林中的一道风景。如位于颐和园东南部的十七孔桥，是连接昆明湖东岸与南湖岛的一座长桥，其造型兼有北京卢沟桥和苏州宝带桥的特点。十七孔桥长达 150 米，宽 8 米，由 17 个券洞组成，是颐和园内最大的桥梁。长桥造型美观、气势恢宏，桥上有 544 只形态各异的石狮子雕像。长桥横卧于昆明湖上，将昆明湖的水面分出层次，消除了昆明湖的空旷之感，是颐和园建造中的点睛之笔。

（14）墙：墙体主要起分割空间、衬托景物、装饰美化、遮挡视线等作用。墙的选址不拘一格，依据园林赏景需要，可盘山、越山、穿插隔透，将一座完整的园林"化整为零"，构成"园中园""景中景"，而分割出来的景观空间各不相同，给游人以"山重水复疑无路，柳暗花明又一村"的感觉。

（三）坛庙建筑

坛庙建筑是我国古人用来开展祭祀活动的建筑，其中"坛"是指在清除杂草的平整的土地上堆起的高台，"庙"则是指供奉祖先神位的场所。根据祭祀对象的不同，坛和庙有多种类型。对于坛而言，有祭天的天坛，祭地的地坛，祭日的日坛，祭月的月坛，祭土地和五谷的社稷坛，祭祀先农的先农坛，祭祀蚕神的先蚕坛等；对于庙而言，古人供奉的神位很丰富，老北京就有"八庙"之说，即皇帝祭奠祖先的太庙，祭祀皇帝祖先的奉先殿，供奉帝王、先师牌位的传心殿，供奉清朝帝后、祖先神像的寿皇殿，供奉菩萨的雍和宫，祭祀群神的堂子，祭祀历代皇帝的历代帝王庙，祭祀孔子的孔庙。位于北京市东城区的天坛建筑群是我国古代坛庙建筑的典型代表。天坛始建于明永乐十八年（1420 年），占地约 270 万平方米，是明清帝王祭天和祈福的场所。下面以天坛为例，对我国坛庙建筑的基本特征进行说明。

天坛有内外两重墙，将其分为内坛和外坛，各坛的平面形状均为北圆南方，寓意"天圆地方"。天坛内的主要建筑集中在内坛，包括南部的圜丘坛、皇穹宇，北部的祈年殿、皇乾殿，南、北两处的建筑由一条长达 360 米被称为"丹陛桥"的砖石台连接起来。其中，圜丘是皇帝在冬至日祭天的场所，分为 3 层，最上面一层的正中有一块圆形的石头，被称为"天心石"。人站在天心石上高呼，可产生非常明显的回音。天心石周围有 9 圈石块，每圈石块的数量均是 9 的倍数。坛中间层、首层的四面均有台阶，台阶的级数均为 9 的倍数；每层周边均有栏板，栏板的数量均为 9 的倍数。在古代儒家文化中，"九"是最大的阳数，寓意天。另用于合祀天地的祈年殿在建筑风格上亦有浓厚的祭天特色。祈年殿的平面形状为圆形，象征天；屋顶采用的瓦为青色，寓意蓝天；建筑内部有 28 根金丝楠木的立柱，最里面的一圈 4 根立柱寓意一年的四季，中间的一圈 12 根立柱寓意一年十二个月份，外圈的 12 根立柱寓意一天的十二个时辰；中圈与外圈的立柱总数是 24 根，寓意一年的二十四个节气；三圈立柱的总数为 28 根，寓意天上的二十八星宿；三圈立柱再加上柱顶的 8 根童柱（即短柱），共 36 根，暗合天罡数，与七十二长廊寓意的地煞数相对应。整座建筑的布局体现了古代帝王追求的"天人合一"的理念。

（四）宗教建筑

宗教建筑有狭义和广义之分。对于有宗教信仰的人而言，需要利用宗教建筑来满足其信仰需求，这种仍提供宗教服务的建筑可称为狭义的宗教建筑。相对狭义的宗教建筑而言，广义的宗教建筑则是指具有宗教建筑的外观和建筑特征的建筑，且无论其是否为信徒服务。下面从与我国传统文化联系较为密切的佛教、道教、伊斯兰教入手，介绍宗教建筑。佛教在 2500 年前起源于今尼泊尔，后传入我国，其主要观点是一切事物讲究因果。道教为我国本土宗教，由张道陵于 1900 多年前创建，其主要观点是"道"是化生万物的本源，提倡无为而治。伊斯兰教于公元 7 世纪兴起于阿拉伯半岛，在唐朝时传入我国，其主要观点是顺从创造宇宙的真主的意志，以求得和平与安宁。上述不同类型宗教其建筑的基本特点如下：

（1）佛教建筑。佛教建筑是用于进行佛教活动的建筑，包括佛寺、佛塔和石窟。佛寺建筑的平面布局一般有清晰的南北向中轴线，中轴线由前至后依次分布山门、天王殿、大雄宝殿、法堂和藏经楼，中轴线的东侧建筑群主要为僧人生活区，西侧建筑群主要为会客堂。我国知名的佛教建筑主要有河北省石家庄市正定县的隆兴寺、天津市蓟州区的独乐寺、山西省大同市的华严寺等。佛塔主要用来供奉舍利、经卷或法物，其建筑大体是由塔基、塔身和塔刹组成，根据层级、纳藏之物、建筑材料、使用功能、建筑样式分有多种类别。我国知名的佛塔有河南省登封市西北的嵩岳寺塔、陕西省西安市南郊大慈恩寺内的大雁塔、山西省朔州市应县的佛宫寺释迦塔等。石窟是修行的僧侣们在崖壁上开凿的洞窟，或供僧人起居之用，或用于礼佛，或用于收藏佛骨舍利等。我国知名的石窟建筑主

要有甘肃省敦煌市的莫高窟、山西省大同市城西的云冈石窟、河南省洛阳市洛龙区龙门镇的龙门石窟等。

（2）道教建筑。道教建筑主要用于开展祭神、传教、斋醮等道教活动，其规格大小一般由信徒信奉神仙的神位决定。道教建筑的平面布局类似于四合院，以木构件为主体组成建筑单体，以多个建筑单体组成院落。道教建筑根据功能分区，主要包括中轴线上的神殿，中轴线两侧的膳堂、宿舍，建筑群附近的园林等。其中，神殿主要进行道教活动，膳堂主要是信徒的餐厅和厨房，宿舍为道士及游人住宿用房，园林则主要用于营造道教修仙的环境。建筑的结构形式与阴阳五行或天人感应等古代学说、思想密切相关；建筑装饰和彩画中的日、月、星、辰、仙、福、禄、龟、鹤、松、竹等，能够充分反映道家崇尚的吉祥如意、羽化成仙思想。我国知名的道教建筑有湖北省丹江口市武当山的紫霄宫、北京市西城区西便门外的白云观、江西省贵溪市的天师府等。

（3）伊斯兰教建筑。伊斯兰教建筑具有明显的伊斯兰风格，具有伊斯兰风格的建筑有清真寺、经堂等，建筑造型与汉族建筑有着较为明显的区别。伊斯兰教建筑一般都由伊万、庭院、花园、宣礼塔等组成。伊万是指圆顶的大房子，有一面是敞开的，其他三面封闭；庭院是进行洗礼的地方，一般在庭院内还有个天井；花园在伊斯兰教信徒的心中具有很高的地位，因为《古兰经》把花园比作天堂；宣礼塔常见于清真寺中，用于召唤信徒进行礼拜。伊斯兰教建筑的墙壁、天花板和门窗上一般都有丰富的阿拉伯纹饰，这种纹饰或取材于动植物形象，或源于《古兰经》中的句节。伊斯兰教建筑的门窗外形多为圆拱、尖拱或马蹄形，以体现信徒的宗教信仰。我国知名的伊斯兰教建筑有新疆维吾尔自治区喀什市的艾提尕尔大清真寺、陕西省西安市化觉巷清真大寺、青海省西宁市东关清真大寺等。

（五）民居建筑

我国的自然环境非常丰富，社会经济条件也因地域不同而存在着差异。随着我国社会历史的发展，不同的地方逐渐形成了不同风格的民居形式，这种形式可反映当地的人文地理、生产和生活习俗、审美观念等特征，这些特征又反过来影响不同地方民居的建筑平面布局、建筑造型、建筑材料、建筑构造、建筑装饰等方面。我国古代民居类型丰富多样，典型的民居形式可包括以下10种。

（1）北京四合院。北京四合院是我国传统合院式建筑的典型代表。所谓四合院，就是由东、西、南、北四个方向的房屋围成的院落。北京四合院的建筑特点是不同方位的房屋等级不同。其中，北房等级最高，通常为一家之主的居所；其次是东厢房，一般为长子长媳的居所；再次是西厢房，一般为次子次媳的居所；最后是南房，因为门向北开，因而又被称为倒座房，为仆人的居所。北房与东西厢房间一般有廊子连通。通常大户人家的正房北面还有一排房子，称为后罩房，供女儿和女佣人居住。北京四合院的大门一般设在东南角，按照八卦，东南属"巽位"，最为吉利，其主要作用在于夏天引进东南风，冬天挡住西北风。厕所一般在西北角，这不仅与风水相关，而且与北京大部分时间的风向（西北风）相适应，避免厕所的异味串入院内。典型的北京四合院古建筑有茅盾故居、老舍故居等。

（2）东北满族民居。满族先民独特的民族文化和我国东北地区冬季漫长、寒冷的气候特征共同作用，形成了具有满族特色的古代民居。这种民居的主要特点可概括为"口袋房、卍字炕、烟囱坐在地面上"。满族民居的大门不位于建筑正中位置，而是位于建筑东侧，其主要目的是防止西风侵袭。建筑入口的外观犹如口袋，因而被称作"口袋房"。"卍字炕"是指卧室的西、南、北侧均有火炕，以利于取暖，火炕底部与外屋的灶台、炉膛相连。"烟囱坐在地面上"指烟囱不盖在屋顶，而是盖在建筑旁边，底下与火炕相通，其原因主要与满族先民的房屋多用树皮或茅草建造屋顶有关。当烟囱盖在树皮或茅草屋顶上时，冬天的大风将烟囱里的火星吹落到屋

顶上，很可能会引起火灾，所以满族先民将烟囱盖在离建筑有一定距离的位置。此外，满族民居的窗户外面一般糊有高丽纸。这种高丽纸用芦苇、线麻等材料制成，外面涂抹盐和酥油的混合物，质地坚韧结实，可避风挡雨。黑龙江省哈尔滨市的萧红故居即为我国东北满族古代民居的典型代表。

（3）江南民居。江南民居一般指长江中下游地区的民居建筑。这种民居的主要特点是建造在临水的位置，多为二层楼结构，且下层结构向水面延伸尺寸过大时，则底部设立柱，做成吊脚楼形式；建筑结构类型多为穿斗式木构架，柱子直接支撑檩传来的重量；建筑的两端有着高高的马头墙，主要用于防火；建筑木构件表面多有精美的雕饰；建筑屋顶多采用灰瓦；单体建筑之间有廊子相连，再和院墙一起，形成比较封闭的院落形式。江南民居的建筑特点主要与我国南方地区的地理环境、气候等因素相关：潮湿的环境使得建筑多为二层形式，下层多为活动空间，上层则用于居住；建筑组合形式灵活，以适应起伏不平的复杂地形；南方春季花红柳绿，粉墙黛瓦可以给人带来良好的视觉效果；南方水资源丰富，因而建筑临水有利于交通出行和获取生活用水。江苏省昆山市周庄镇的古民居即为江南民居的典型代表。

（4）广府民居。广府民居主要是指广东、澳门、香港地区的民居建筑。这些地方的民居风格形成于南宋，成熟于清代中期，主要特点为网格式平面布局，代表建筑是镬耳屋。从平面布局风格来看，整个村落以某条巷子为中轴线，其他民居分布在巷子两侧，犹如网格一般。同时，由这种民居形成的村落里一般都有宗祠、水塘和大榕树。从建筑造型来看，镬耳屋是广府民居的代表建筑，其建筑两侧墙体的立面犹如镬耳（镬是古代的一种大锅），又如官员帽子的两耳，因而这种墙体形式寓意富贵吉祥、官运亨通。当然，镬耳墙体最重要的功能是防火。此外，广府民居大门显得高大，建筑内部布局紧凑，建筑装饰精美，木雕、砖雕、灰塑雕刻等工艺可见于大门、梁柱、墙体及屋脊各部位。我国知名的古代广府民居有广东省广州市的陈家祠等。

（5）陕北民居。陕北地区主要是指陕西的北部地区，包括榆林市、延安市等。陕北民居的主要代表为窑洞式民居。窑洞式民居最早形成于周代，陕北高原的土体厚，土壤黏性大、黏结力强，便于开挖，为先民们开挖居住场所创造了有利条件。从建筑布局来看，陕北窑洞可分为靠山式、下沉式、独立式三种。靠山式窑洞的主要特点是依靠山崖而建；下沉式窑洞是在地面挖一个6~7米见方的大坑，然后在坑的四面墙上再继续开挖窑洞，形成地下四合院的风格；独立式窑洞即建造于地面之上的窑洞。陕北窑洞的建筑特色鲜明，比如，窑洞大多建造在地下，有着厚厚黄土的保护，因而洞内冬暖夏凉；由于以开挖土方为获取室内空间的主要方式，洞内窑洞一般很少占据地上资源；窑洞的自然空间与人的活动空间相协调，居住舒适。我国知名的陕北民居有陕西省榆林市佳县的木头峪村民居等。

（6）吊脚楼民居。这种民居常见于湖南、贵州、四川等省的少数民族地区，其建筑的主要特点是依山傍水而建，东西向布局，平面多呈三合院形式，层数为二至三层；建筑材料多为杉木，为木构架支撑的结构体系，全系榫卯连接，不用一颗钉子，抗震性能好；底层一般用木柱支撑成架空层，上层住人；建筑内正中间的屋为堂屋，是祭祀和宴请宾客的场所，堂屋两侧为人住间，包括卧室、厨房等；上层有环绕的走廊和雕花栏杆，屋顶飞檐起翘；窗花雕刻技术精湛，内容丰富，涵盖生活、教育、民俗等多个方面；一般有天楼，可用于储物；楼后一般建有猪栏和厕所。吊脚楼民居的形成主要与当地山地复杂的地形条件及深山老林里毒蛇猛兽常出没相关。我国知名的吊脚楼民居有湖南省湘西土家族苗族自治州的凤凰古城民居等。

（7）一颗印式民居。这种风格的民居常见于云南、陕西、安徽等地，其建筑平面形状多近似正方形，犹如印章的外观，主要由正房、厢房、入口门墙组成。正房多为三开间（开间指长度方向上两个柱子的间距），厢房多为二开间，正房和厢房一般为二层，餐

厅、卧室一般设在正房里，厨房、柴草房一般设在厢房里，正房与厢房之间有楼梯相连。与正房相对的南墙中部有大门，大门内有门廊或倒座房，深（即宽度方向尺寸）8尺。正房、厢房、门廊或倒座房的高度相互错开，可避免做屋顶天沟，减小了屋顶漏雨的可能性。一颗印式民居的墙体一般比较高大，主要用于挡风和防火，民居的门窗、屋檐、梁柱上多有寓意吉祥的精美雕刻。建筑室内地面多为三合泥，其主要成分为石灰、桐油以及瓷粉，这种地面平而不滑、冬暖夏凉。我国知名的一颗印式古民居有云南省昆明市的乐居古彝村民居等。

（8）土楼民居。土楼属于我国大型民居的样式，一般是指建筑层数不少于二层，建筑墙体采用土体材料，以木梁柱为承重构架的民居建筑。土楼民居大约兴起于17世纪，本是客家族群为抵御强盗、猛兽入侵而建立的防御性建筑，后逐渐成为我国东南沿海地区特有的民居建筑。土楼的种类按平面样式分为多种，常见的有圆楼、方楼、走马楼等。圆楼的平面呈圆形，可由多环同心圆平面的建筑组成，外环楼多以1~2米厚的夯土墙承重，墙体的功能以防御为主，内环墙体多以青砖或土坯砌筑而成，厚度同普通楼房。方楼在各种土楼中的数量最多，其整体造型呈方形，特点是后面的楼房高于前面及两侧的楼房，院落四周高墙耸立，防御功能强大。走马楼依山而建，平面布置灵活，纵向呈折线形，建筑多为两层高，且在二层的外部多有悬挑的通廊。我国知名的土楼有福建省龙岩市永定区的客家土楼等。

（9）徽派民居。徽派民居并非特指安徽省的民居，而是指安徽省黄山市、浙江省杭州市、江西省景德镇市等地的部分民居。徽派民居的典型建筑特点包括建筑样式多为三合院，建筑平面坐北朝南，有明确的中轴线，大门多朝北，讲究风水；厅堂位于中轴线上，屋内正中多挂壁画或对联；厅堂两侧为厢房，厅堂前方有天井；院落四周有高墙，墙面刷白，墙头做成马头墙形式，利于防火；建筑外立面除大门外，仅设置少量窗户，采光主要依赖院内的天井；屋顶多做重檐形式，外面为小青瓦；建筑内外立面有精美的木雕、砖雕和石雕，这三种雕刻工艺俗称"徽州三雕"。徽派民居往往有多进院落，每进院落都有堂屋、卧室和天井，组成"屋套屋"的建筑布局形式。我国知名的徽派民居有安徽省黄山市黟县宏村镇古民居等。

（10）碉房。碉房常见于我国青藏高原及内蒙古部分地区，其在汉代就已经出现，并逐渐发展成我国西部地区具有民族特色的民居建筑。碉房建造之初，是为了避免猛兽的侵袭，充分利用当地的材料营建建筑。碉房的主要建筑特征为多建造在背风向阳的山区地带，平面布局形状多为方形，有回廊；建筑高 3~4 层，外观像碉堡，内部有上下的楼梯；采用石材或夯土砌筑，下部墙厚可达 1 米，上部墙体逐渐变薄；楼顶多为平顶，可供人活动；建筑立面开窗少，采光主要通过回廊中间的天井；建筑整体坚实严密，对避风御寒和抵御外敌或猛兽均可起到良好的作用。碉房的底层多用于储藏或圈养牲口，二层为起居场所，含大堂、卧室、厨房等，三层多用于晾晒农作物或进行户外活动。我国知名的碉房古民居有四川省阿坝藏族羌族自治州壤塘县宗科乡加斯满村石波寨的日斯满巴碉房等。

（六）陵墓建筑

陵墓建筑是我国古人为了祭祀死者而专门营建的建筑，往往由地上和地下两部分建筑组成，地上部分建筑用于祭祀，地下部分建筑用于安置死者和陪葬品。古人认为，人死后还会在阴间生活，因而上至帝王将相，下至平民百姓，都重视营建死者的陵墓。陵墓以帝王陵最有代表性。下面就以帝王陵为例来介绍陵墓建筑的特征。我国古代陵墓建筑在布局形式上，或以陵山为主体，如秦始皇陵；或以神道为主体，如唐高宗乾陵；或以建筑群为主体，如明十三陵。秦始皇陵位于陕西省西安市郊区的骊山北麓，建成于秦二世二年（公元前 208 年），平面呈方形，边长约 350 米，深约 76 米，顶部平坦，由地宫、内城、外城、外城外四部分组成。乾陵位于陕西省咸阳市乾县的梁山上，建成于唐光宅元年（684 年），由陵园和地宫组成。

陵园仿照唐都长安城营建，包括皇城、内城和外城，现多已无存，而中轴线上有 700 米长的神道，南起华表，北至石狮，神道两旁有 61 座番臣石像，非常壮观。地宫内有唐高宗李治与武则天的棺椁及陪葬品。明十三陵位于北京市昌平区天寿山麓，始建于明永乐七年（1409 年），随后 230 多年里不断扩建，先后葬有明代 13 位皇帝及皇族家室仆从等。明十三陵建筑依托天寿山形成了大气的环境，高低错落的建筑群营造了陵寝建筑庄严肃穆的气氛，中轴线上的建筑由前至后逐渐突出了陵墓主体建筑的形象，而多个精美的石雕也产生了丰富的艺术效果。

（七）城市建筑

城市建筑包括我国古代城市建设中所涵盖的各类建筑，如城楼、钟（鼓）楼、戏楼、桥梁、城墙等。城楼是位于城墙上的门楼，是出入城的标志性建筑，主要用于军事防御或防洪，其建筑外观一般雄伟壮观，我国知名的古城楼有河北省秦皇岛市东北部的山海关城楼等。钟（鼓）楼是古代城市的市政建筑之一，一般位于城市中心或府衙前面，主要功能就是报时，我国知名的钟楼有位于陕西省西安市的钟楼等。戏楼是古代用于演戏的建筑，在不同历史时期有着不同的建筑特征，一般空间处理灵活以便于观演，建筑装饰丰富多彩，我国比较知名的戏楼有北京故宫的畅音阁大戏楼。桥梁多用于水上交通，材料可为竹、木、石、铁等，形式有梁桥、浮桥、索桥等，我国知名的古代桥梁有河北省石家庄市赵县的赵州桥等。城墙是我国古代的军事防御设施，多用土木、砖石为砌筑材料，将古代城市的核心区域围护起来，可由瓮城、城门、墙体、垛口等部分组成，我国知名的古城墙有陕西省西安城墙等。

此外，我国古代城市建筑还包括牌楼、影壁、学府、古代商业建筑、古驿站、古代书院等。

第二章
卓越智慧

　　我国的古建筑以木结构为主，这些古建筑能够历经各种自然灾害而保存完好，体现了古代工匠在营建上的智慧。位于北京市中心的紫禁城中的古建筑自建成至今已有600余年，保存完好，是世界上现存规模最大、保存最为完整的木结构古代宫殿建筑群。本章以紫禁城古建筑为例，探讨我国古代建筑在防火、防震、防雷、防虫、防暑、御寒等方面体现的营建智慧，以利于古建筑的维护、保养与研究。

一 防火

　　法国当地时间 2019 年 4 月 15 日傍晚，巴黎圣母院发生大火。尽管这座具有 800 多年历史的建筑的主体骨架和两座钟楼在大火中幸免于难，但圣母院的塔尖坍塌，三分之二的屋顶被毁，价值损失无法估量，且及时复建也几无可能再现其历史的原真性。资料表明，巴黎圣母院被毁的部分为木屋架屋顶，其连接材料以铅（熔点约 300 ℃）为主，而下部主体结构的材料为石材。同样作为世界文化遗产的明清紫禁城（今北京故宫博物院），其古建筑群均以木结构为主，建筑内外檐还饰以油性易燃材料，在防火的重要性上甚至高于巴黎圣母院。巴黎圣母院失火后，紫禁城古建筑的防火措施立刻成了世人关注的焦点。下面介绍紫禁城古建筑在明清时期采取的主要防火方法。

　　由于古代生产力水平低下，加上人们的认知水平有限，紫禁城古建筑的防火方法具有一些迷信的成分，列举如下：

　　其一，藻井的采用。在很多重要宫殿建筑的明间（建筑最正中的那间房）的顶棚正中，通常会有一个四边形向八角形、再向圆形层层往上凸的穹隆状结构，其正中会伸出一个龙头，龙头含着轩辕镜。这种结构即为藻井，如太和殿明间正中的浑金蟠龙藻井（图 2-1）。"藻"意为"海藻"，即绿色水生植物；"井"即井水。藻井建造的主要目的之一是防火。据汉代民俗著作《风俗通》记载："今殿作天井。井者，东井之像也；菱，水中之物；皆所以厌火也。"井宿是中国神话中二十八星宿之一，主水。由此可知，在殿堂顶棚作井，同时装饰以荷、菱、藕等水生植物，其主要目的是希望能借此降伏火魔。

▲ 图 2-1　北京故宫太和殿藻井

其二，"门"字不带钩。游客去故宫参观，可发现午门、太和门、神武门等建筑匾额上的"门"字不带钩（图2-2），因为古人认为"钩"会勾起火灾。如明朝建立之后，明太祖朱元璋命令当时的大书法家詹希原题写集贤门的匾额，由于题写的"门"字稍稍加了一点钩，朱元璋看到之后龙颜大怒，当即命人将匾额砸碎，并传下旨意，令刑部将詹希原捉拿归案，指控他犯有欺君之罪并判斩首示众。

▲ 图2-2 北京故宫太和门匾额

其三，正吻的使用。紫禁城几乎所有的古建筑正脊（屋面前后坡的交线）的两端，都会有一个龙头状的琉璃构件，其后部还有一个类似剑把的饰物，被称为正吻（见图2-3）。正吻主要用于灭火。紫禁城里的帝王深知古建筑容易着火，而龙可以喷水，水可以灭火。如何不让龙飞走？最好的办法就是用一把剑插在龙头后部。基于这种想象，帝王们下令将这种带剑把的龙头形象固定在建筑的正脊上，以用于克火。

▼ 图2-3 北京故宫太和殿正吻

当然，我国古代工匠有着丰富的建筑施工经验及建筑智慧，他们在紫禁城的修建过程中，也积累了不少科学的防火方法，列举说明如下：

其一，封护檐墙的使用。这种墙体的后檐墙从地面一直砌到屋檐下与屋檐相连，整片墙体不开设门窗，它属于我国清代古建筑的一种施工工艺（图2-4）。这种施工工艺源于雍正五年（1727

年）的一道命令，据《国朝宫史》记载，雍正五年十一月，雍正发现乾清门两侧的围房里有值守人员做饭，便对值守人员说，虽尔等素知小心，凡事不可不为之预防，然后下令将围房的后墙封死，不再设门

▲ 图 2-4　北京故宫封护檐墙

窗，以免发生火灾。需要说明的是，紫禁城古建筑等级森严，值守人员做饭时所在的建筑属于硬山式屋顶，因而建造封护檐墙仅限于硬山式屋顶类建筑，且该做法一直保留下来。

其二，我国最早的钢结构建筑——灵沼轩的建造。灵沼轩位于紫禁城东六宫区域，前身为延禧宫。延禧宫在初建之时，建筑形制与东六宫其他建筑一样，为类似四合院的典型木结构古建筑。然而，延禧宫在历史上曾数次遭受火灾，如清道光二十五年（1845年）及咸丰五年（1855年）。尽管样式房已设计出复建的烫样，但复建工程迟迟未实施。1908年，隆裕皇太后听从太监小德张的建议，要在延禧宫盖一座不怕火且能满足皇宫休闲娱乐需求的建筑，并取名为"灵沼轩"。其构造设想为地下一层四周建有条石垒砌的水池，计划引入金水河的河水；地上两层，底层四面当中各开一门，四周环以围廊，殿中为四根盘龙铁柱，顶层面积缩减，为五座铁亭，四面出廊，四角与铁亭相连。重建后的延禧宫是一座水晶琉璃的世界，帝后闲暇之时，可徜徉其中，观鱼赏景。然而，由于清政府国力空虚，再加上辛亥革命爆发，灵沼轩开工三年后即停工，一直搁置至今。今天我们看到的灵沼轩就是未完工的状态，见图2-5。然而，灵沼轩以石材作墙，以钢框架作为核心受力体系并引入水源来隔火的做法，从防火角度考虑是

▼ 图 2-5　北京故宫灵沼轩

▼ 图2-6　北京故宫
太和门前内金水河

有积极作用的。

其三，内金水河河道设计成弯弯曲曲的形状。紫禁城外有防御外敌入侵的筒子河（护城河），内有金水河。"金"在我国古代风水文化中属于西方，"金水河"寓意河水源于西方（北京西郊玉泉山）。紫禁城内金水河的水从紫禁城西北角流入，向南经过武英

殿，穿过太和门（图2-6），绕过文华殿和文渊阁，再从紫禁城东南角注入护城河，全长约2公里，其平面布置弯弯曲曲，可谓"九曲十八弯"。这种布置形式，主要是为了及时获得灭火的水源。明代著作《酌中志》里关于内金水河有这么一段话，"非为鱼泳在藻，以资游赏，亦非过为曲折，以耗物料。恐意外回禄之变，此水实可赖"，又举例说"天启四年（1624年）六科廊灾，六年（1626年）武英殿西油漆作灾，皆得此水之力"。

其四，水缸的使用。紫禁城的重要宫殿建筑前都有水缸，一般为铜缸或铁缸（图2-7）。故宫现存缸231口，放置水缸主要目的是存水，以免建筑突然遭受火灾而缺乏水源。在冬天，为防止缸内的水结冰，值守人员还在缸下生火。

▼ 图2-7　北京故宫太和殿前铜缸

二 防震

北京地处燕山地震带与华北平原中部地震带的交会处，又紧邻汾渭地震带和郯庐断裂带，历史上曾遭受过多次强震的破坏和影响。紫禁城中的古建筑以木结构为主，自建造以来的 600 余年时间里，遭遇有记载的地震 222 次。然而，关于紫禁城古建筑在历史上因地震遭受严重破坏的记载很少，至今我们看到的紫禁城依然保持基本完好，可反映紫禁城古建筑有着很好的抗震性能。从构造上来讲，紫禁城古建筑主要由基础、柱、斗拱、梁架、屋顶、墙体等部分组成，其中柱与梁采取榫卯节点连接，大木构架（柱、斗拱、梁架）为核心受力体系，墙体起围护作用。以下基于紫禁城古建筑的构造特点，讨论其传统抗震方法。

（一）基础

1. "一块玉"基础

紫禁城古建筑的基础可谓是"一块玉"基础。"一块玉"是指基础为一个整体，专业上称为"满堂红"基础。这种基础的做法是将原有地基全部挖去，然后重新由人工回填基础。人工回填的具体做法为一层三七灰土、一层碎砖，反复交替。如图 2-8 所示的造办处南侧遗址基础，

▲ 图 2-8 北京故宫古建筑分层灰土基础

基础深度 2.2 米，最上面是厚 0.8 米的杂填土，接下来是三七灰土层（每层约 0.12 米厚）与碎砖层（每层约 0.1 米厚）交错分布，共露出 7 层。当人工处理的灰土与碎砖层由地面向下延伸到 2.4 米左右时，下部即为未受扰动的原始土层。以下做三点说明。

其一，为什么紫禁城古建筑所有的基础都是人工处理的"满堂红"基础，而不是利用原始土层的基础呢？其实这与中国古代朝代的更迭密切相关。明紫禁城是在元朝皇宫的基础上建立的。在中国古代有一个不成文的规定，就是任何一个朝代取代前朝时，都会灭前朝的"王气"，其做法之一就是把前朝的建筑从底（包括基础）到顶都给毁了，而后重新盖自己的宫殿。因此，明朝建立紫禁城时，把元朝所有的建筑连根毁掉，这样一来，明紫禁城的基础都得重新再做一遍，这就是紫禁城古建筑基础为"满堂红"做法的主要原因。

其二，古建筑基础的黄土中掺入（生）石灰的意义。紫禁城古建筑的基础一般为三七灰土基础。三七灰土是一种以生石灰、黏土按 3∶7 的质量比例配制而成，具有较高强度的建筑材料，它的使用在我国有悠久的历史，比如南京西善桥的南朝大墓（建于 6 世纪左右）封门前地面即是用灰土夯成的。这种灰土基础的优点在于，生石灰遇水生成熟石灰，强度增大，也就是说，这种基础的吸水性很强，适用于潮湿的环境。灰土基础本身的黏结强度比较高，能很好地承受上部建筑的重力，而不会产生土体松散的情况。另外，生石灰取材方便，加工简单，使用效果好，因而在古建筑基础的建造中大量使用。

其三，为什么紫禁城古建筑的基础不是全部做灰土分层，而非得要"一层灰土、一层碎砖交替"呢？其实这反映了古代工匠的智慧。我们知道，基础做得均匀，那么就可以避免建筑物的不均匀下沉。灰土材料一般比较松软，其柔性强就意味着硬度小。当上部建筑的质量较大时，建筑在自重作用下会均匀下沉，但下沉量过大会影响建筑的有效使用。相对而言，碎砖的硬度远大于灰土，且大部分属于烧窑或砌墙用的残余料。做成"一层灰土、一层碎砖交替"

的形式，不仅有效使用了残余材料，而且减小了古建筑的沉降量。

2."糯米"基础

故宫古建基础中是否含有糯米成分？日本学者武田寿一的著作《建筑物隔震、防振与控振》中有这么一段关于故宫古建筑基础成分的描述："1975年开始的三年中，在建造设备管道工程时，以紫禁城中心向下5~6米的地方挖出一种稍黏有气味的物质。研究结果表明似乎是'煮过的糯米和石灰的混合物'。主要的建筑全部在白色大理石的高台上建造，若其下部为柔软的有阻尼的糯米层。"刘大可先生认为，古建基础中有灌江米汁（糯米浆）的做法，就是将煮好的糯米汁掺上水和白矾以后，泼洒在打好的灰土上。江米和白矾的用量为每平方丈（10.24平方米）用江米25克、白矾18.75克。而清代官方对小夯灰土的做法有这样的描述："第二步须在此步上趁湿打流星拐眼一次，泼江米汁（糯米汁）一层。水先七成为好，掺江米汁，再洒水三成，为之催江米汁下行，再上虚，为之第二步土，其打法同前。"此外，张秉坚等学者对西安明代城墙灰浆进行了试验，证明了其中含有糯米成分。尽管西安城墙与故宫古建筑基础无直接联系，但其施工工艺均为古建传统做法。以上事例充分说明故宫古建基础中含有糯米成分是可信的。

紫禁城古建筑基础中掺入糯米是有利于基础的防震的。糯米具有很好的黏性，掺入灰土基础中，可使基础成为类似于硬度较高的均匀面糊团，有很好的整体性和柔韧性。地震发生时，基础产生整体均匀变形，延长建筑的晃动周期，错开地震波的峰值，减小了基础及上部建筑的受损程度。糯米基础抵抗地震的这种方式，我们称为"隔震"。

3.地下水的处理

对于有淤泥层或地下水的地基层，古代工匠则考虑在填土层之下埋设木桩。木桩可穿透淤泥层，并使得桩尖抵达坚硬的岩石层，木桩之上再为分层夯土，这样一来，就可以避免基础的不均匀沉降。如慈宁花园东侧遗址的基础的分层做法为灰土层与碎砖层交

▲ 图 2-9　北京故宫慈宁花园东侧遗址含地下水基础

▲ 图 2-10　北京故宫慈宁花园东侧遗址基础的木桩及上部石板

替向下延伸，每层各厚 0.1 米，共分 18 层，而后为 0.16 米厚的青石板一层，再往下分别为水平桩和竖桩，见图 2-9 至图 2-10。在这里，竖桩承受青石板传来的上部重力并将该重力传给坚硬的岩石层，青石板则为上层夯土提供了一个支撑平台。另木桩表面刷有桐油（桐籽熬成的油），在水中可起到防腐的作用。

（二）柱

1.柱底平摆浮搁

紫禁城古建筑属于木结构，这种结构由木柱和木梁组成核心受力框架，承受屋顶传来的重力，墙体仅起维护作用。其中，柱子作为古建大木结构的重要承重构件之一，主要用来垂直承受建筑上部传来的作用力。从安装角度讲，紫禁城古建筑立柱的柱根并非插入地底，而是浮放在一块石头上，这块石头被称为柱顶石，见图 2-11；柱根的放置方式则称为平摆浮搁，见图 2-12。

柱顶石又名柱础，其主要作用是支撑柱子。柱顶石属于我国传统建筑石制构件，其下部为方形，埋入地下，上部做成圆鼓形状，且顶板表面做得平整，称为"镜面"。早期的柱顶石板表面较粗糙，而宋代以后的实物表明，柱顶石镜面已经被处理得非常平整光滑。柱顶石镜面直径一般比柱的直径稍大。我国古代最完整的建筑技术书籍《营造法式》中提到"造柱础之制，其方倍柱之径"，柱顶石上部的镜面即方中取圆；又有"凡造柱下櫍，径周各出柱三份；厚十份，下三份为平，其上并为敧，上径四周各杀三份，令柱身通上匀平"，说明柱顶石镜面比柱脚还要大出几分，其用意在于既防止柱脚滑移掉落，同时又使柱根在允许滑移的前提下有充分可滑移的余地。

▲ 图 2-11　北京故宫清东陵的柱顶石

需要说明的是，这种连接方式是紫禁城古代工匠智慧的结晶的说法，是有科学依据的。首先，立柱柱根若插入地底，那么很可能因为空气不流通而产生糟朽。其次，也是最重要的原因——隔离地震的需要。

▲ 图 2-12　北京故宫柱底平摆浮搁

我们知道，地震的作用力是很大的。若柱根插入柱顶石内，在强大的地震力作用下，柱根很容易折断并造成古建筑的毁坏，而柱根平摆浮搁在柱顶石上后，再发生地震时，柱根反复在柱顶石镜面运动，具有"四两拨千斤"的效果，不仅抵消了地震波，而且地震结束后，柱根可基本恢复到初始位置而不产生任何破损。其三，由图 2-12 可知，柱根置于柱顶石上后，柱根外皮与柱顶石外皮有一定距离，

▼ 图 2-13 北京故宫太和殿檐柱侧脚

这个距离可以保证柱根始终在柱顶石上往复滑动而不掉落。

　　建筑物的地震反应取决于建筑物的自振周期和阻尼（产生运动受阻的材料，类似于汽车刹车片）。一般现代建筑物自振周期与地面运动即地震波的自振周期接近，因而在地震作用下的响应会放大，产生类似共振效应。而采用隔震装置后，建筑物自振周期大大延长，避开了地面运动的卓越周期，因而受到的地震力迅速减小。紫禁城古建筑柱底采用平摆浮搁的方式，实际上相当于在建筑底部安装了一个巨大的隔震装置，柱子在地震作用下的往复运动延长了古建筑的自振周期，其远远避开地震波自身周期，从而产生隔震效

果，极大地减小了古建筑受到的震害。

紫禁城古建筑立柱平摆浮搁在水平柱顶石镜面上，上部主体与基础自然断离开，柱顶石对柱根提供竖直向上的支持力和一定的水平摩擦力，有利于柱上端与梁连接，并有利于延长结构的自振周期，削弱地震力的破坏作用，这是中国古代大型建筑结构最显著的特点，也是古建筑与现代普通建筑结构体系的最大差异之处。

2. 柱侧脚

侧脚，是把古建筑最外圈的柱子（檐柱）顶部略微收、底部向外掰出一定尺寸的做法。宋《营造法式》中卷五《大木作制度二·柱》规定："凡立柱，并令柱首微收向内，柱脚微出向外，谓之侧脚。每屋正面，谓柱首东西相向者，随柱之长，每一尺，即侧脚一分；若侧面，谓柱首南北相向者，每长一尺，侧脚八厘；至角柱，其首相向，各依本法，如长短不定，随此加减。"这段话规定了每间房屋在正面（长度方向），柱身侧脚尺寸为柱高的 1/100（柱底往外掰出 1/100 柱高的尺寸）；在侧面（宽度方向），柱身侧脚尺寸为柱高的 8/1000；在角柱位置，则两个方向同时按上述尺寸规定侧脚。紫禁城古建筑的普通立柱都是柱身垂直立于柱顶石上，而檐柱则不同，按照侧脚做法，形成八字状，见图 2-13 至图 2-15。

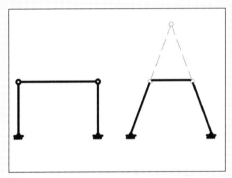

◀ 图 2-14 侧脚示意图（左为侧脚前，右为侧脚后）

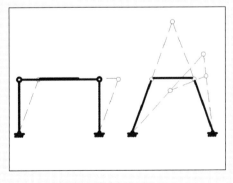

◀ 图 2-15 水平地震作用下的柱架运动示意图

侧脚做法，不但使整个建筑物显得更加庄重、

沉稳而有力，而且体现了一定的力学智慧。由图 2-14 和图 2-15 不难看出，侧脚使得古建筑的柱架体系由直立的平行四边形（矩形）变成了八字形。由于古建筑的柱子与梁是通过榫卯方式连接的（柱顶做成卯口形式，梁端做成榫头形式插入柱顶预留的卯口中），在发生地震、大风等自然灾害时，立柱与梁之间的榫卯连接使得彼此之间产生相对晃动。对于未设侧脚的平行四边形体系而言，其在水平外力作用下不断往复摇摆，很容易产生失稳破坏。这种平行四边形的连接体系，在物理学上可称为"瞬间失稳体系"。对于设置侧脚的八字形体系而言，柱与柱的延长线会相交于一点，形成虚交点，整个体系犹如一个三角形，它在水平外力作用下的晃动受阻，该阻力由侧脚的柱身提供，且侧脚使得柱顶的卯口与梁端的榫头挤紧，增强了榫卯节点的受力性能。在物理学上，该八字形体系可称为"三角形稳定体系"。

▲ 图 2-16 北京故宫太和殿柱与额枋的燕尾榫卯连接

（三）榫卯节点

1. 基本定义

紫禁城古建筑的立柱与水平构件（梁、枋）的连接，主要通过榫卯形式实现。这里所说的"榫卯"，是指榫头与卯口。其中，榫头位于梁端，被加工成凸起部分；卯口位于柱顶，柱顶被剔凿掉部分木料，形成凹形口，即卯口。位于梁（枋）端的榫头插入柱顶的卯口中，形成榫卯连接，而榫卯连接的位置，可称为榫

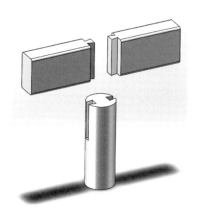

△ 图 2-17 燕尾榫卯节点安装示意图

节点。紫禁城古建筑的榫卯节点有数十种，如图 2-16 所示的太和殿柱与额枋连接为其中的一种，称为燕尾榫卯节点。这种类型的榫卯节点的特征为位于额

△ 图 2-18 燕尾榫卯节点安装实物图

枋端部的榫头被加工成燕尾形式，而位于柱顶的卯口相应做成了同样形状、尺寸的凹口形式。榫头、卯口示意图见图 2-17，古建筑榫卯节点模型安装实物图见图 2-18。紫禁城古建筑榫卯节点形式非常丰富，对于水平与竖向的构件连接而言，除了有燕尾榫之外，还有馒头榫、半榫、透榫、管脚榫、箍头榫等形式。

2. 抗震智慧

以燕尾榫为例来说明榫卯节点的抗震智慧。从连接方式来讲，燕尾榫榫头与卯口的连接属于半刚接。所谓"半刚接"，即节点不能像铰球一样随意转动（铰接），也不像固定的钢架一样完全无法转动（刚接），而是介于两者之间的一种连接方式，其特征为可以转动，但受到一定限制。这种连接特征是非常有利于古建筑抗震的，因为这样一来，有限的转动能力有利于减小梁柱构架的晃动幅度。不仅如此，基于能量守恒定律，地震能量传到古建筑木构架上，部分转化为木构架的变形能（构架变形），部分转化为构架的内能（内力破坏），还有部分转化为构架的动能（榫头与卯口的相对运动）。也就是说，榫卯节点的运动有利于耗散部分地震能量，减小对建筑整体的破坏。

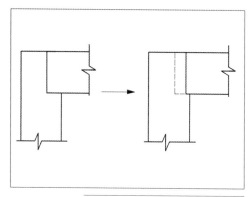

▲ 图 2-19　榫卯的相对滑移

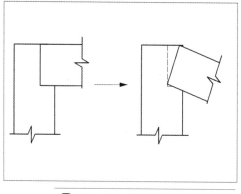

▲ 图 2-20　榫卯滑移伴随的转动

在地震作用下，柱顶的卯口与额枋端部的燕尾榫头之间产生摩擦、挤压和相对运动，这种运动包括相对滑移（图 2-19）和相对转动（图 2-20）。柱脚抬升时，柱身产生倾斜，与额枋产生相对变形，榫头与卯口之间发生相对挤紧运动，并随着柱脚抬升幅度增大而表现明显；柱脚复位时，榫头与卯口之间发生相对拔出运动，并逐渐恢复到初始位置附近。榫卯节点会因为地震力作用的原因而产生拔榫，但始终保持连接状态。随着柱架的摇摆，柱顶榫卯节点不断进行挤紧—拔出的开合运动，且由于榫卯节点数量较多，其间亦耗散了较为可观的地震能量，有利于减小结构受到的震害。

需要说明的是，在地震作用下，榫卯节点发生相对运动，有时不能正常复位，称为拔榫。拔榫并非脱榫，榫头具有一定的长度，即使其在卯口中不能完全恢复到初始位置，却仍能搭接在卯口上，使得榫卯节点本身没有受到很严重的破坏，在震后稍加修复即可正常使用。这就是我们看到很多古建筑榫卯节点发生拔榫，但木构架本身仍保持完好的原因。

此外，作为榫卯节点的辅助构件——雀替（见图 2-16），它的抗震作用亦不可忽视。雀替的存在加强了木构架受力变形过程中结构的整体性，增大了榫卯节点的转动刚度，加固了梁柱节点。雀替还可以提高榫卯节点的正向转动弯矩，其幅度可达 61%；且雀替在与枋脱离前能提高节点耗散地震能量的能力。

（四）斗拱

斗拱在宋代被称为"铺作"，在古建筑柱顶之上、梁架以下。斗拱一般由斗、拱、翘、升等很多小尺寸构件由下至上层层叠加而成，图 2-21 为太和殿一层平身科镏金斗拱的外立面部分及等比例模型。紫禁城古建筑的斗拱一般按位置来分类，比如位于两根柱子之间的平身科斗拱，位于非转角部位且在柱顶之上的柱头科斗拱；位于转角部位且在柱顶之上的角科斗拱等。斗拱一般由中心向外出挑，称为"出踩"，出挑一次称为"三踩"，出挑二次称为"五踩"，出挑三次称为"七踩"，依此类推。紫禁城古建筑的斗拱最多出挑至九踩。

紫禁城古建筑斗拱具有很好的抗震性能，主要表现在发生地震时，斗拱各构件之间相互挤压、错动可耗散部分地震能量，且其本身很难被破坏。笔者开展了故宫太和殿一层及二层斗拱水平低周反复试验，研究结果表明：斗拱的力—变形滞回曲线均有较为明显的平滑段，反映了斗拱具有明显的滑移特征；曲线下降段明显，反

映了斗拱自身恢复力较差；曲线滞回环较为饱满，反映了斗拱具有一定的耗能能力。斗拱的力—变形骨架曲线正向加载与反向加载段斜率差别较大，可反映斗拱在不同加载方向上的受力状态不同。随着变形值增大，斗拱所受的力值表现为先增大、后减小、最后趋于稳定的过程，反映了斗拱在受力过程中由构件间的摩擦和挤压导致的承载力下降及刚度退化过程。

笔者还制作了一个含有斗拱层的单檐歇山式木构古建模型，并进行了极端烈度地震作用下的振动台试验。试验显示：斗拱坐斗下部的平板枋随柱架摇摆，且在地震强度增大时，有局部分离大额枋顶部的迹象，但随着柱架复位而很快恢复到初始位置。试验中，斗拱上下各分层构件随着柱架做近似一致的往复摆动（水平面内），构件之间未产生明显的相对滑移或者转动，斗拱层亦未传出明显的吱呀声或者爆裂声，斗拱各层无小构件脱落现象，反映了斗拱构件之间的相对运动不明显。在强震作用下，斗拱层犹如一个整体，随着柱架一起往复摇摆，其摆动幅度并不剧烈，可反映传到斗拱层的地震力并不大。

（五）梁架

1.梁与梁架的基本概念

紫禁城古建筑的瓦顶层由木

(a) 外檐露明部分

(b) 整体模型

▲ 图2-21　北京故宫太和殿一层平身科斗拱

▲ 图 2-22　北京故宫古建筑露明梁架（无顶棚）

▲ 图 2-23　北京故宫古建筑顶棚上的梁架

构架支撑，其中横向（与宽度平行的方向）的木构架称为梁架（图 2-22、2-23）。首章描述的抬梁式构架，就是紫禁城古建筑屋架的常用形式。

2. 梁截面的科学性

紫禁城古建筑梁架的抗震智慧主要体现在对梁木料的取材上。我们知道，梁的截面为方形，梁却取材于圆木，见图 2-24。这样，

工匠在将圆木加工成方木时，就面临一个问题：如何最大程度利用圆木的截面？下面我们利用基本的材料力学知识来推算。

假设图 2-24 所示圆木的直径为 d，锯成的方木截面宽度为 b、高度为 h，则由勾股定理得：

$$b^2+h^2=d^2 \qquad (1)$$

由（1）式得：

$$b=(d^2-h^2)^{1/2} \qquad (2)$$

另方木的截面惯性矩 W 满足：

$$W=bh^2/6 \qquad (3)$$

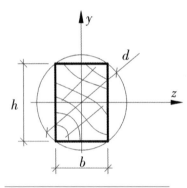

▲图 2-24　圆木与方木的关系

由（3）式可知，方木截面的宽度 b、高度 h 值越大，则 W 值越大，木料运用越充分。但是由（2）式可知，截面高度 h 是有限的，它和截面宽度 b 存在着矛盾，h 越大，则 b 越小。h 与 b 存在一个恰当的比例，可使 W 值最大。采用微分的方法易于求得该比例。

将（2）式代入（3）式，得：

$$W=(d^2-h^2)^{\frac{1}{2}}h^2/6 \qquad (4)$$

对（4）式求导数，可得 $b=(1/3)^{\frac{1}{2}}d$、$h=(2/3)^{\frac{1}{2}}d$ 时，W 值最大。此时，方木截面的高度 h 与宽度 b 的比值为 1.414。实际上紫禁城古建筑的梁截面高宽比与这个值基本接近，如太和殿梁架的截面高宽比约为 1.30，保和殿梁架的截面高宽比约为 1.35，咸福宫配殿梁架截面高宽比约为 1.47。由此可以认为，古时修建紫禁城的工匠尽管没有丰富的力学知识，但他们基于经验和智慧，采用与理论值充分接近的比例对圆木进行取材，保证了木材截面的有效利用。

3. 梁架抗震的科学性

紫禁城古建筑的屋顶采用的是坡屋顶，而没有采用平屋顶，这是为什么呢?

　　与平屋顶相比,坡屋顶有着很多优点。首先,紫禁城是帝王执政及生活的场所,不同类型的坡屋顶有利于表现建筑的等级差别,比如庑殿式屋顶建筑的等级最高,歇山式屋顶次之,悬山式屋顶再次之,最低等级的屋顶为硬山式。其次,从建筑功能上讲,坡屋顶有利于采光、隔热、排水。从采光角度讲,坡屋顶使得屋檐有起翘做法,有利于古建筑内部获得更大的采光空间;从保温隔热角度讲,坡屋顶能形成一个空间隔热层,夏天过热或冬天过冷时不会轻易影响室内温度;从排水角度讲,坡屋顶有较大幅度的坡度,有利于雨水的及时排出。抬梁式木构架的运用,则是形成坡顶屋面的重要前提。

　　不仅如此,抬梁式木构架形式还避免了梁具有过大的截面尺寸。这是因为,从梁的抗弯承载力角度讲,屋顶重力传递给梁,若梁不做成梁架形式,则所需的梁的抗弯截面会很大,截面高度可达2米。实际上,连直径为2米的圆木都是非常少见的。采取梁架形式后,梁的受力方式发生改变,这既有利于减小所需的梁的截面尺寸,又有利于增大梁的跨度。

　　以太和殿明间梁架的受力分析为例来进行说明。图2-25为太和殿明间梁架示意图,其最下层梁的长度为 L,受到屋顶传来的作用力分别由不同层的梁来承担,每个部位承担的作用力为 P,而传到最下层梁的弯矩只有 $5PL/12$,且作用在最下层的大梁上的外力分布更均匀,其弯矩图上的峰值区域为一直线

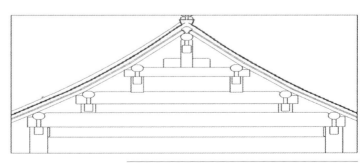

▲ 图2-25　北京故宫太和殿明间梁架示意图

［见图2-26（a）］；若不采用抬梁式梁架形式，而是直接用一根大梁来承担屋顶重量，则传到大梁上的弯矩达$9PL/12$，几乎是前者的2倍，且其弯矩峰值集中在跨中位置，见图2-26（b）。因此，采用抬梁式梁架后，梁截面尺寸可考虑减小，满足用较小截面木材建造较大空间房屋的要求，有利于梁架各构件在地震作用下不遭到破坏。

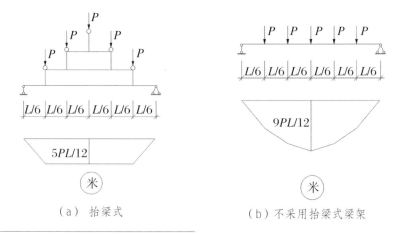

（a）抬梁式　　　　　　　　　　（b）不采用抬梁式梁架

▲ 图2-26　梁架受力简图及弯矩分布

此外，紫禁城梁架的高度（最下面一层梁到屋脊的距离）与底层梁的长度之比一般不超过1∶3，这使得梁架低矮，在大风、大震等自然灾害发生时，可避免发生倾覆，从而保持了梁架的稳定。

（六）小结

紫禁城古建筑经历600余年的光阴，其间多次遭遇地震的袭击。然而，凭借古代工匠的智慧和经验的积累，这些古建筑至今依然基本完好。紫禁城古建筑抗震构造的科学性，主要表现为基础采用分层夯实做法，灰土材料中掺有黏结性能良好的糯米；柱底平摆浮搁在柱顶石上，在地震作用下可产生滑移隔震的效果；柱身侧脚，有利于提高建筑整体的稳定性；梁与柱采用榫卯节点形式连接，在地震作用下彼此产生相对转动和滑移，可耗散部分地震能量；斗拱由众多小尺寸构件叠加拼合而成，在地震作用下各构件相互错动、挤压，可耗散部分地震能量，且斗拱本身很难遭到破坏；梁架采用抬梁式形式，有利于分散上部荷载，且梁架低矮，有利于保持其在地震作用下的稳定性。

三 防雷

（一）引言

作为世界文化遗产的紫禁城有着 600 余年的历史，其间不可避免地会受到不同类型自然灾害的侵袭，雷击即其中之一。紫禁城有明确记载的雷击记录共 20 次，明代有 16 次，清代有 4 次。遭受雷击的建筑有太和殿、中和殿、保和殿、奉先殿、午门等十余座建筑，其中太和殿在明代至少被雷击过 4 次，而根据记载可知其中最后一次的雷击最严重。据《明世宗实录》记载，当晚雷雨大作，戌刻火光骤起，由奉天殿（今太和殿）延烧谨身、华盖二殿（今保和殿、中和殿），文、武楼（今体仁阁、弘义阁），奉天门（今太和门），左顺门（今协和门），右顺门（今熙和门）及午门外左右廊尽毁。中华人民共和国成立后，紫禁城的古建筑亦有遭受雷击的记录，其中最严重的一次为 1987 年 8 月 24 日晚 10 点左右，故宫东六宫之景阳宫遭受雷击，并诱发火灾。大火从屋顶雷公柱开始燃烧，然后蔓延至西山下金檩、下金枋和西南角梁等构件，火灾造成建筑南部屋檐中部烧焦下陷，西南角塌落。北京市消防局接警后调用了 11 个中队、31 辆消防车，近 200 名消防战士历时近 3 个小时才将火扑灭。同时，由于宫殿前有一月台，屋檐距地面近些，容易上屋顶，消防人员将局部屋顶和全部门窗拆破后才完成了救火。综上可知，对紫禁城古建筑进行防雷保护具有极其重要的意义。

（二）雷击原因

研究表明，紫禁城所在区域遭受雷电灾害一般发生在 5~9 月，其中 6~8 月占 87.23 %，而发生在 8 月最多，占 34.04 %，5 月最少，占 4.26％，其他月份无雷电灾害记录。紫禁城古建筑遭受雷击的主要原因与以下因素有关：

（1）紫禁城所处的地理环境的特殊性。一般而言，北京地区总的落雷顺序是西山—八里庄—故宫—朝阳门—十八里店—宋家庄—百子湾—通州区，这使得故宫成为易受雷击的区域。故宫的四周有护城河，下有4条古河道通向护城河，这又使得紫禁城古建筑基础易处于潮湿的环境中。故宫地势北高南低，造成位于故宫南部的三大殿（太和殿、中和殿、保和殿）、午门等建筑的地下水位高，加之前朝三大殿位于南部空旷的区域范围内，且体量高大，这也使得这三座建筑相对于其他建筑更容易遭受雷击。另外，故宫所在区域的电阻率相对其他区域要低，这也是紫禁城古建筑易遭受雷击的原因之一。

（2）受紫禁城古建筑立面造型的影响。紫禁城古建筑正脊两端的正吻，前后坡前部的小兽，攒尖屋顶的突出的宝顶，以上都是突出的部位，易遭受雷击。据紫禁城古建筑在历史上遭受雷击的构件类型的统计结果显示，吻兽是最容易遭受雷击的构件，在历史上至少遭受过23次雷击，其次才是屋顶瓦件、门窗等其他构件。

（3）紫禁城古建筑虽然以大木结构为主，但仍含有部分金属构件，比如槅扇上的铜质把手与门环（图2-27），悬挂匾额的铁

▼ 图2-27 北京故宫太和殿槅扇上的铜环

钩，加固大木构件的扁铁、扒锔子等。这些金属物体更增强了电荷量的饱和程度并加速了电场的畸变，从而使上行先导和下行先导易于在此汇合，发生雷击。如《明史》记载："六月丙戌，雷震奉先殿鸱吻，槅扇皆裂，铜镮尽毁。"雷电在铜环内产生感应电流，因而致使铜环发热烧毁。又如1987年8月24日晚景阳宫的吻兽受雷击后，电流通过雷公柱传到建筑明间上部的"景阳宫"木质匾额位置，而该匾额背后有用来将其固定在额枋上的较大的铁钩，所以在铁钩位置发生了放电现象，引燃了匾额。

（三）迷信方法

在古代，受限于生产力水平，紫禁城古建筑的传统防雷方法有迷信的一面，说明如下：

（1）屋顶铁链的使用。古人通常会在正脊两端安设一个龙头形状的琉璃装饰物，用于克火，该装饰物为正吻。正吻两侧还会有铁链拉接，如图2-28，古人认为该方法可以避雷，而某些现代学者亦认为铁链有助于放电。实际上这种观点是不对的，其根本原因

▼图2-28 北京故宫古建筑上固定正吻的铁链

在于铁链并不接地，另一端仍固定在瓦上，这样铁链的根本功能仅为固定正吻，正吻被铁链固定在瓦上（避雷带为后加）。此外，在紫禁城古建筑遭受雷击的事件中，正吻是非常容易受雷击的部位，如太和殿、奉先殿、保和殿、端门等建筑的正吻在明代均有遭受雷击的记载，由此可说明安装固定正吻的铁链并没有起到防雷效果。

（2）宝匣的使用。紫禁城古建筑在建造、修缮过程中都带有一定的神秘色彩，其中一项就是在屋顶正中安放镇物——宝匣，见图2-29。有专家认为，皇家宫殿建筑屋顶放置宝匣，与民间传统建筑的文化习俗密切相关。我国民间盖房上梁时有悬挂"上梁大吉"字条、抛元宝、安放镇物等习俗，以表达对美好事物的追求和趋利避害的愿望。与此类似，在紫禁城古建筑的屋顶施工结束前，施工人员往往要

▲ 图2-29　北京故宫慈宁宫屋脊正中的宝匣

在屋顶正脊中部预先留一个口子，此口被称为"龙口"，而后会举行一个较为隆重的仪式，由未婚男工把一个含有"镇物"的盒子（材料为铜、锡或木质）放入龙口内，再盖上扣脊瓦。该盒子被称为宝匣，而放置宝匣的过程被称为合龙。镇物一般包括"五金""五谷""五色线""药味"等物品。"五金"多为金、银、铜、铁、锡；"五谷"多用稻、麦、粟、黍、豆各数粒；"五色线"为红、黄、蓝、白、黑色丝线各一缕；"药味"包括雄黄、川莲、人参、鹿茸、川芎、藏红花、半夏、知母、黄檗等。镇物还可以是珠宝、彩石、铜钱（多

为 24 枚，上铸有"天下太平"四汉字，也有满汉文皆有的）、佛经、施工记录等。古人认为，在屋顶正中安放宝匣可以辟邪消灾，而防雷亦为其中的主要目的。然而，这些宝匣不仅不能防雷，反而因为含有金属物质更易诱发雷击。如 1984 年 6 月 2 日故宫东六宫之承乾宫遭受雷击，雷电并没有击在正脊两端较高的正吻上，而是击中了位于屋脊正中的锡质宝匣。

（3）雷公柱的使用。古代工匠为了避免较高耸的建筑遭受雷击，在攒尖类建筑的木构架顶部安装一根立柱，下部落在一根木梁上，或在庑殿类建筑正脊端部的正吻下方安装一根立柱，其下部亦立在一根梁上，上部则支撑木构架端部挑出的脊檩和两边的由戗。以上立柱均被称为"雷公柱"，下部起支撑作用的梁则被称为"太平梁"，寓意有着雷公柱和太平梁的护佑，建筑不会遭受雷击。上述雷公柱的位置见图 2-30 至图 2-31。不光古人，部分现代人都认为古建筑遭受雷击后，电流通过雷公柱、太平梁，传到老檐柱，并沿着角柱传到地下，从而起到了接闪作用，保护了古建筑。实际上，这种观点是错误

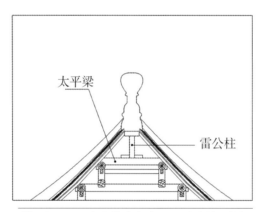

▲ 图 2-30　北京故宫中和殿屋顶纵剖面局部

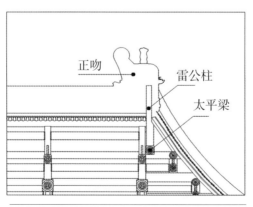

▲ 图 2-31　北京故宫太和殿屋顶纵剖面局部

的，至少紫禁城古建筑并不因为有雷公柱构造而免遭雷击。雷公柱材料本身为木材，而紫禁城古建筑所用的木材多以松木为主（楠木仅见于少量的明代建筑），属于绝缘材料，不可能起到接闪作用。1987年8月24日，紫禁城东六宫之景阳宫遭受雷击的部位正是埋有雷公柱的正吻。同为皇家建筑的明十三陵中长陵的祾恩殿于1957年7月6日遭受雷击，西侧吻兽被击掉二分之一，正脊被砸裂处有40~50厘米长，电流沿正吻下方的雷公柱、太平梁及两根楠木木柱向下传，其间将雷公柱劈裂2~3厘米深，同时将天花板和柱根震出3条裂缝，并造成数人伤亡。由此可知，紫禁城古建筑使用雷公柱的做法不能起到防雷效果。

（四）科学方法

紫禁城古建筑防雷的科学方法主要表现在以下两个方面：

其一，使用的建筑材料多为绝缘材料。紫禁城古建筑防雷的传统方法中，有科学性的一面，主要是指其建造材料大部分为绝缘材料。如紫禁城古建筑屋顶为琉璃瓦，瓦下面为泥背，泥背下则为木质材料的椽子、望板、梁架；紫禁城古建筑的墙体材料为砖石；古建筑柱子下部为石质基础，基础以下则为碎砖、灰土分层叠加的地基。上述建筑材料均为不易导电的绝缘材料，使用这些建筑材料有利于减小建筑本身遭受雷击的可能性。事实上，紫禁城近千座建筑中，600余年来遭受雷击的多为三大殿、午门等建筑。

其二，避雷针的使用。1955年故宫博物院开始采用现代科技手段来进行防雷。1955年8月8日晚，午门雁翅楼东北、东南两角亭遭雷击。当时的文化部文化事业管理局在午门维修工程的批复中明确了研究安装避雷针的问题，并命古建部高级工程师于倬云先生协调此事。自此，故宫博物院各个古建筑开始逐步安装避雷装置，如避雷针、避雷带等。到目前为止，故宫绝大部分古建筑均安装了避雷设施，其中前文提及遭受雷击的景阳宫也于1993年安装了避雷针。

图 2-32　北京故宫古建筑正吻上的避雷针

图 2-33　北京故宫攒尖屋顶上的避雷针

紫禁城古建筑安装的外部避雷设施主要包括以下三种类型：

（1）避雷针：结合古建筑的结构类型、使用情况和美观性各方面要求的考虑，应选择并使用不同形式的避雷针，如有正脊的屋顶是在两端正脊安放避雷针，针高 1.5 米左右，材料为紫铜，针尖鎏金或镀金，见图 2-32；四角攒尖屋顶是在宝顶中间安装避雷针，见图 2-33；金属鎏金宝顶和金属屋顶充分利用接地这种安全措施，如四个角楼利用鎏金宝顶、雨花阁利用屋顶的鎏金龙身接地，同时还将大量的线路隐蔽在筒瓦里，做到在屋面上看不出有线路，尽量不破坏或少破坏古建筑物原有的艺术氛围。

（2）避雷带：有的建筑面阔（长度）过大，两端吻上的避雷针保护不了正脊中间部位和垂脊上的小兽时，可在两吻间增加避雷带。用直径为 8 毫米的紫铜作避雷带，沿建筑物屋脊的轮廓弯曲。避雷带高出正脊、斜脊、

▲ 图 2-34　北京故宫古建筑小兽上的避雷带

屋檐瓦以及其上的吻兽和斜脊下端的垂兽等 100~150 毫米，通过抱箍式支持卡子与瓦面固定，见图 2-34。

（3）接地装置：采用裸铜线作为引下线，并在距地面 2 米处绕绝缘材料，再用塑料管包掩盖。在接地时，考虑古建筑的重要性，将电阻值适当降低，即一般的建筑接地电阻定为 10 欧姆，重要建

筑接地电阻定为 5 欧姆。接地装置采用的是镀锌钢管，每个接地装置有 4 根钢管，管长 4 米，直径为 5 厘米，壁厚 5 厘米，将它们布置为一字形或梅花形。接地体都是深埋处理，防止出现跨步电压伤人的情况。

安装上述避雷设施，在很大程度上避免了雷击造成的紫禁城古建筑失火问题。以避雷针接闪为例，1957 年 7 月 12 日，东华门避雷针鎏金部位有电伤痕迹；1993 年 8 月，钟粹宫西吻兽上安装的避雷针接闪；1996 年 8 月，长春宫西吻兽上安装的避雷针有两次接闪。以上例子说明安装的避雷针起到了应有的作用。

（五）小结

防雷是保护紫禁城古建筑的重要内容之一。紫禁城在明清时期多次遭受雷击，这主要与紫禁城所处的地理环境、古建筑立面造型特征、古建筑内含金属构件等因素有关。紫禁城古建筑传统的防雷方法既包括迷信的一面，又有科学的一面。前者主要包括采用铁链固定正吻、正脊内埋设宝匣、梁架内安放雷公柱等做法。后者主要包括紫禁城古建筑营建材料以木材、砖石等绝缘材料为主的方法；而近年来，避雷针得到了较为广泛的应用。中华人民共和国成立后，随着避雷装置的引入，紫禁城古建筑的防雷保护更加科学化和系统化。

四　防虫

（一）引言

我国的古建筑以木结构为主，对它们的保护不仅包括防火、防震等方面，对生物灾害如白蚁的防治亦不可忽视。白蚁好吞噬木材，一般多蛀蚀木材年轮中较软的早材部分，而保留下较硬的晚材部分，使被害木材成典型的片状，致使古建筑本身受损乃至遭到不可逆的破坏。我国古建筑遭受白蚁侵蚀的案例不少，最典型的案例即 20 世纪 60 年代，北京市碧云寺西配殿发生的古建筑梁架倒塌事故。这起事故的主要原因是梁架下部的一根截面尺寸为 0.3 米 ×0.3 米的大梁被白蚁掏空，导致大梁的承载力失效。故宫中以木材为结构主体的建筑和木制文物能够为白蚁的滋生提供丰富的食物来源，因而故宫内白蚁的防治工作极其必要。自 2006 年至今，故宫博物院先后三次在惇本殿西侧配殿（图 2–35 左）、保和殿东庑区（图 2–35 右）发现白蚁，并及时采取了杀灭措施。故宫博物院内发现的白蚁均为散白蚁。散白蚁是白蚁中的一种，广布于温带及亚热带地区，主要以木材中的纤维素和半纤维素为食，因此会对木材造成严重破坏。尽管历史上白蚁对紫禁城建筑破坏的档案记载很少，但白蚁危害性巨大是不容置疑的，因此有必要及时采取各项防控措施。而无论是古代紫禁城的营建者还是现在故宫博物院的管理人员，对白蚁的查杀治理均总结了有效的方法，积累了宝贵的经验，本节将对此进行详细论述。

▲ 图 2-35　北京故宫古建筑木构件遭受蚁害

（二）传统方法

我国古代工匠不仅在抵御地震、火灾、大风等方面有着丰富的经验和智慧，在除治白蚁方面亦有着有效的传统方法，归纳起来，主要包括以下四个方面。

其一，对木材的选用。紫禁城古建筑于明永乐十八年（1420 年）初建成时，其柱、梁、斗拱等木构件材料均为楠木。营建紫禁城的楠木主要来自四川、云南、湖南、湖北、贵州、浙江、山西等地的深山老林中。《明史》亦记载有"闰月壬戌，诏以明年五月建北京宫殿，分遣大臣采木于四川、湖广、江西、浙江、山西"，此为营建之始。紫禁城的营建，备料用了 11 年，真正建造仅用了 3 年。尽管楠木的生长周期长达 300 年，但是楠木有着其他木材不可比拟的优点——有独特的香味、不怕虫蚀、不怕糟朽、不易变形等，因而是营造宫殿建筑的绝佳材料。这也是紫禁城古建筑较少地遭受白蚁侵蚀的重要原因。明清时期，二十几位皇帝在紫禁城内执政及生活，其间紫禁城古建筑数次遭受火灾或战争的侵扰，部分古建筑被毁坏后在复建或修缮时，工匠们已经无法找到楠木了（材料伐尽），因而采用松木加以替代。

其二，基础阻隔层。基础阻隔层主要是指在建筑底部建造石质台基，使得建筑与地面隔离，远离白蚁滋生的环境。若古建筑中的柱子底部坐落在柱顶石上（图2-36），建筑底部有着厚厚的石质台基（图2-37），均可以隔离白蚁。相反，若古建筑地面周围环境杂草丛生，地面的枯枝落叶会为白蚁生存提供良好的环境。如四川省青城山的祖师殿、上清宫、天师洞、建福宫、玉清宫、园明宫等大量道教建筑在20世纪90年代均有被白蚁侵蚀的报道，这与上述建筑周边布满杂草枯叶有关。

▲ 图2-36　柱底与柱顶石

▼ 图2-37　北京故宫神武门的台基

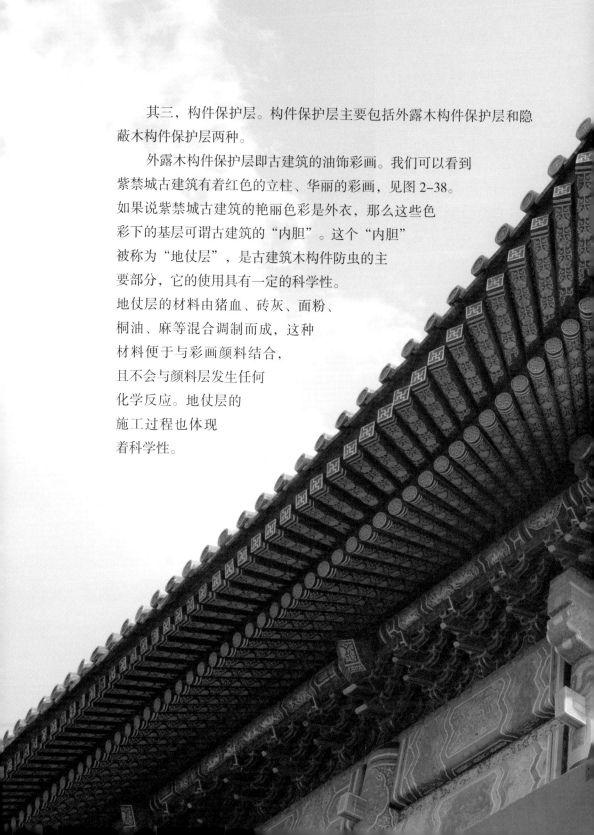

其三，构件保护层。构件保护层主要包括外露木构件保护层和隐蔽木构件保护层两种。

外露木构件保护层即古建筑的油饰彩画。我们可以看到紫禁城古建筑有着红色的立柱、华丽的彩画，见图2-38。如果说紫禁城古建筑的艳丽色彩是外衣，那么这些色彩下的基层可谓古建筑的"内胆"。这个"内胆"被称为"地仗层"，是古建筑木构件防虫的主要部分，它的使用具有一定的科学性。地仗层的材料由猪血、砖灰、面粉、桐油、麻等混合调制而成，这种材料便于与彩画颜料结合，且不会与颜料层发生任何化学反应。地仗层的施工过程也体现着科学性。

◀ 图 2-38　北京故宫
太和殿外檐油饰彩画

▲ 图2-39 北京故宫仁祥门油灰（油漆地仗层）

▲ 图2-40 屋顶灰背层

首先，用小斧子在木构件表面砍出痕印，将木缝砍出八字形，主要目的是利于油灰与木构件表面进行拉接。然后，在木构件表面刷一层桐油与猪血的混合物，桐油可覆盖木构件表面，作为防止白蚁入侵的第一道防线，猪血使木构件被处理后的表面变得光滑。接下来，将油灰（面粉、砖灰、桐油、水的混合物）抹在木构件上，并用工具将其表面刮平（图2-39），其中的砖灰、面粉相当于木构件的主要保护层。之后，将麻处理成丝线状，并敷压在木构件表面，麻的主要作用是拉接油灰，增强木构件的整体性，避免开裂。之后的工序是再次上油灰、贴麻丝，使得地仗层变厚。为了保证油灰与木构件表面的充分黏结，并防止油灰层出现龟裂，有时还会在油灰层表面包裹（麻）布。最后，用磨石将木构件表面打磨平直、圆顺，以便在表面绘制彩画。上述整个过程，相当于给木构件穿上一层厚厚的防护服，从而避免白蚁侵蚀造成木材破坏。

隐蔽木构件主要包括屋顶瓦件下的望板基层以及室内顶棚上的梁架层。屋顶望板层的防虫方法主要是刷桐油，再分层铺墁各种灰浆，如护板灰（生石灰、水、麻丝按比例混合而成）、青灰（青浆与生石灰按比例混合而成）、麻刀泥（生石灰、黄土、麻丝按比例混合而成）等，总厚度可达30厘米，见图2-40。生石灰不仅具有吸水功能，使木板基层保持干燥，还能够在吸收潮湿水汽的过程中转变成熟石灰。熟石灰为碱性材料，其中的钙成分可以使蛋白质变性，杀死细菌真菌，起到驱白蚁的效果。上述厚厚的灰浆层对防治白蚁具有较好的效果。

梁架层木构件防治白蚁的传统方法主要是刷一层厚厚的桐油层，桐油具有防白蚁与防腐的双重功能。随着科技发展，故宫博物院现阶段采取的木构件表面防虫材料还有 MFB-1（硼酸盐类）、MFB-2（硼酸盐类）、MFO-1（酚＋有机酯）等。

其四，通风措施。由于白蚁喜欢潮湿的环境，因而在传统方法中，使古建筑保持通风干燥亦成为有效防治白蚁的措施。紫禁城古建筑前屋檐几乎全部是门窗，这有利于建筑的通风。而与立柱接触的墙体部位则通常安放透风，见图2-41。古建筑的墙体很厚，在与木柱相交的位置附近砌墙时往往会把柱子包起来。封闭在墙体里的柱子，如果不及时采取通风干

▲ 图2-41　北京故宫太和门东庑后檐墙上的透风

燥措施的话，很容易糟朽并导致白蚁滋生。工匠们在长期施工中，逐渐找到了排出柱底潮湿空气的方法，即在木柱与墙体相交的位置，不让木柱直接接触墙体，而是让木柱与墙体之间存在 5 厘米左右的空隙，同时在柱底对应的墙体位置留一个约 15 厘米宽、20 厘米高的砖洞口。为美观起见，工匠们还会用刻有纹饰的镂空砖雕来砌筑这个洞口，而这个带有镂空图纹的砖就称为透风。墙体内木柱周边潮湿的空气就能够通过透风的镂空部分排出。一般而言，我们常常会看到竖直方向上有两个透风，这是为了形成空气对流，使得墙体内的柱子在上下方向都有空气流通，即空气从底部透风进入，沿着柱身往上流动，然后从柱顶位置的透风排出。这样，柱子与墙体之间潮湿的空气就被排出去了，柱子也就能始终保持干燥状态。

（三）监测技术

对故宫古建筑的白蚁防治包括两方面：检测和捕杀。

从检测角度讲，传统的白蚁检测方法包括以下技术手段：①目测。观察木构件的各个部位（尤其是较为潮湿的部位），看是否有白蚁活动的痕迹（如孔洞、排泄物、蚁路等）。②敲击。用检查工具敲击木构件的各个部位，通过声音来判断是否出现孔洞，若有孔洞，则有可能有白蚁。③探测。即对可能出现白蚁的地方采用工具进行微损探测，比如将工具插入可能有白蚁存在的木构件内部并取出，观察是否有白蚁活动或活动过的痕迹。④搬动。即对白蚁容易藏身的木箱、木柜、木料堆等处进行搬动检查，以期及时发现并采取治理措施。上述传统方法尽管可以检测白蚁，但是效果并不理想。另外，检查白蚁首先应该保证古建筑的安全，但是白蚁活动隐蔽，不撬开木构件表层很难有所发现，而撬动木构件表层又会对古建筑本身有一定的扰动或破坏。从捕杀角度讲，部分灭蚁的药物对环境有一定的不利影响。综上所述，基于综合治理白蚁的理念，白蚁监测控制技术的运用便成了控制白蚁危害的一个重要手段。白蚁监测控制技术在有效抑制白蚁种群数量，对建筑物进行长期有效保护的同时，又能够减少化学药剂的投放，减少白蚁防治对环境的污染。

对故宫古建筑而言,应用的白蚁监测技术应具备不破坏古建筑、有很强的引诱能力、能及时发现白蚁、具有很好的灭蚁效果等特点。白蚁监控装置布置完毕后,每年春秋两季进行检查,若引诱到足够数量的白蚁活体,则进行喷药处理。该药物以伊维菌素为活性成分,被喷到的白蚁将药物带回巢内,通过接触方式将药物传给其他白蚁,最终导致整个蚁群灭亡。监控装置的布置根据需要来确定,若进行室内监测,则装置安放在立柱下部;若进行室外监测,则装置应远离台基(台基的夯土材料对白蚁有一定的阻隔作用)且放在不易存水的位置,其原因在于白蚁虽然喜欢潮湿的环境,但并不能在水中生存。目前,故宫白蚁监测区域的建筑面积已超过 15 万平方米,安装白蚁监控装置至少 1600 余套,分布在前朝三殿、寿安宫、雨花阁、西三所、养心殿、慈宁花园、武英殿、保和殿、惇本殿、茶库、缎库、皇极殿、红本库等处。

此外,白蚁活动是一个动态的过程,对其实时监测才能掌握整个蚁情的发展趋势,及时采取相应的防控或捕杀措施。与此相关的是,2013 年故宫博物院启动"平安故宫"工程来解决故宫博物院目前存在的、亟待解决的火灾、盗窃、震灾、藏品自然损坏和如何保护文物库房、基础设施、观众安全等安保问题,其中主要工作之一是开展世界文化遗产监测,而白蚁监测则是其中的重点内容。基于此,故宫博物院研发了白蚁监测系统,系统通过不同图形标记分别显示白蚁发现区和白蚁防控区,显示实时监测的动态,可以实时调取指定建筑区域的监测探头,监测白蚁发现区和防控区,在线监控白蚁的存在状态并对监测数据进行统计、分析,还能实时调取相关的文献或档案资料进行对比参考,及时发现和处理监控区出现的白蚁问题。白蚁监测系统可建立故宫白蚁综合治理相关数据库,可将白蚁的检查、监测与治理工作的各项数据资料纳入系统平台进行统一管理,通过相应的存储、统计与分析,实现故宫博物院白蚁危害监测及治理情况的电子化展示,并对其进行查询、分析与研究,

进而促进故宫白蚁防治工作更加深入有效地开展。

（四）小结

（1）故宫古建筑有关白蚁防治的传统方法包括选择具有防虫功能的楠木作为建筑材料，将建筑建造在高台基之上以阻隔白蚁入侵，用木构件基层做地仗、铺墁灰浆、刷桐油等，使建筑保持通风干燥以消除白蚁生存环境等。

（2）现代科技手段的介入。故宫博物院对白蚁的防治已采用监测手段，监控覆盖 15 万平方米的建筑区域，并研发了白蚁监测系统，实现了预防和查杀白蚁的实时化和全面化。

五 防暑

（一）引言

北京的气候属于典型的温带季风气候，夏季高温持久、稳定、昼夜温差小，这就对建筑隔热提出了较高的要求。建筑隔热是外部热量传递到建筑内部受阻的物理过程，现代建筑的隔热一般采取涂刷隔热材料，在建筑墙体间填塞保温材料或相变材料，在建筑外表种植绿色植物等方法。对紫禁城古建筑而言，不仅外表要庄严辉煌，在功能上亦要求满足历代帝王在夏季的纳凉需求。相应地，古代工匠在营建紫禁城的过程中采取了诸多建筑隔热降温的措施。紫禁城古建筑的布局、朝向、构造、施工工艺、建筑材料等方面都能够体现隔热的意图，以下进行详细解读。

（二）防暑方法

1. 建筑布置

紫禁城古建筑的避暑措施首先表现在建筑布置上，具体包括"坐北朝南"和"背山面水"两个方面。

"坐北朝南"是相对于建筑单体而言，指建筑为南北向布置，且南面开设较多的门窗。这种做法自古有之，如《易经·说卦》有"圣人南面而听天下，向明而治"，意思是古圣先王坐北朝南而听治天下，面向阳光而治理天下。紫禁城内重要的宫殿建筑均为坐北朝南，且在南侧开设大量门窗。如太和殿南立面，共有 11 个开间（在建筑长度方向上的柱距），每个开间均设有　扇门或窗（图2-42）。这种朝向及门窗布置有利于建筑内部在夏季保持凉爽。我国的黄河中下游地区处于北半球温带季风气候最为显著的地区，

温带季风气候的特点是冬季在亚洲大陆西北内部形成高气压，有长达数月的偏北寒风，夏季高气压中心转到东南太平洋上，来自南方致雨的季风，使得温度上升、暑气逼人。在这种地理条件下，建筑朝正南方向最为适宜，北侧封闭以利于冬季御寒，而南侧开设窗户则有利于夏季通风。

　　"背山面水"是相对于紫禁城古建筑整体而言，"山"即为紫禁城北面的景山，"水"则是指紫禁城南面的内金水河。内金水河实际上从紫禁城西北角进入，沿着西侧城墙内侧向南流动，再向东贯穿紫禁城南部的太和门广场，最后从紫禁城东南角流出，因而紫禁城中的水汽比较丰富。这种水汽不但能补充景山之"水"之不

足，最重要的是在夏天能通过水汽蒸发来降低各个建筑内的温度，调节了局部的小气候，有利于产生良好的避暑效果。另外，从气流组织角度来看，由于北部有景山遮挡，因而与山垂直的气流必然不会很顺畅，而与山平行的气流则畅通无阻。紫禁城古建筑一般是正面宽、侧面窄（近似于正面为长边的长方形），且正面方向大都与景山平行，由于侧面的挡风面积较小，整个建筑群的挡风面积也较小，因而气流组织较为顺畅，使建筑群在夏季也非常凉爽。

2.墙体

当建筑墙体内外两侧产生温差时，两侧的空气经过墙体进行热量交换，夏季时室外的热量传到室内，引起室内温度升高。紫禁城古建筑的墙体很厚，如太和殿的墙体厚达 1.45 米，不仅能够限制木构架在地震作用下进行过大位移，而且具有良好的保温隔热性能。墙体厚，增加了外部热量传递到建筑内部的距离，使得建筑外面的热量进入内部的减少。同时，墙体材料不变、厚度增加时，其热阻大、传热系数小，有利于隔热。此外，紫禁城古建筑墙体的构造亦有利于隔热。图 2-43 为紫禁城某古建墙体施工时的断面照片，可看出墙体的两侧为整砖砌筑，中间则为碎砖、碎石填充，古建工程称之为"填馅"法。这种断面构造很符合墙体的建筑功能，施

▲ 图 2-43　北京故宫某古建墙体断面

工中的砖石废料用于墙体中部，不仅具有绿色环保、节约施工材料的优点，而且有利于阻隔热量传递。外部热量通过砖石材料传递，在这一过程中，受到碎砖石之间空隙的影响，颗粒之间的热量传递受阻，因而到达建筑内部的热量变少。由上可知，紫禁城古建筑的墙体可以在夏季阻隔外部热量的入侵，保持室内温度的恒定。

3. 屋顶

紫禁城古建筑屋顶厚重，有利于隔热。这些屋顶的木板基层之上、瓦面之下，会分层铺墁各种泥背。木基层之上铺墁的泥背通常为约5厘米厚的护板灰、约10厘米厚的麻刀泥、10厘米厚的月白灰（生石灰、水、少量青浆混合而成）、约5厘米厚的青灰，最后是约5厘米厚的铺瓦泥及瓦面，总厚度可达30~40厘米。因为紫禁城屋顶厚重，所以泥背的导热系数和导温系数都比较小。导热系数小，则屋外太阳光热量传到屋顶内的就少；导温系数小，则屋外较高的温度不易影响屋顶内的温度，屋顶内的温度波动幅度小。而厚厚的泥背层使得古建筑屋顶犹如覆盖了隔热套，古建筑在夏天就不会因为炽热的阳光照射而变得更热。

紫禁城古建筑的梁架空间亦有利于建筑本身的隔热。紫禁城古建筑的梁架大多采用抬梁式做法（图2-44）。抬梁式梁架的构造使得上下层的木梁之间形成一道道水平架空层，成为阻隔太阳热量向屋内传递的屏障。太阳光的热量经过屋顶泥背层进入屋顶内，再通过天花板之上的架空层传向地面。架空的梁架构造使得热量往地面传递时经过的距离比无架空层构造的距离要长。空气的导热系数小，热量不易传递，而传递的距离又长，且热空气密度比冷空气密度小，一般往上流动。以上各因素使得在紫禁城古建筑内人体活动的空间范围受到太阳热量、室外温度的影响很小，保证了室内温度的恒定。

紫禁城古建筑的挑檐做法同样具有隔热作用。紫禁城古建筑屋顶檐部向外挑出（一般为柱高的1/3左右），并略带上翘的弧度，形成优美的曲线，这种做法被称为"挑檐"。挑檐做法在夏天正午

图 2-44 北京故宫古建筑抬梁式梁架

时分有利于避免阳光照入室内，而在冬天正午时分阳光则恰能照入建筑最深处。这是因为我国地处北半球，太阳光从南向北照射。因地球的自转轴与公转轨道并非垂直，所以地球在围绕太阳公转时，太阳直射点在南回归线与北回归线之间来回移动，四季的太阳高度角是不一样的。北京地区夏季的太阳高度角约为 76 度，冬季约为 27 度。屋檐往外挑出一定的尺寸，使得建筑外部的阳光照射达到某种特定的效果：在夏天且早上温度较低时，其照射到建筑内部，随着室外温度升高，太阳照射室内范围逐渐减小，正午时分，阳光几乎位于建筑正上方，太阳只能照射到檐柱外面，因而过多的热量无法传入建筑内部，整个阳光照射过程犹如对建筑的一个降温过程，使得炎热的夏天时屋内始终保持一丝凉意，见图 2-45。

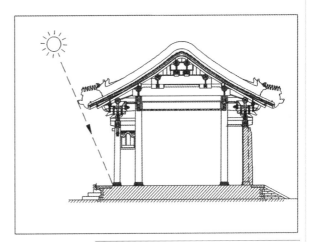

图 2-45 夏天正午太阳的照射范围

4. 凉棚

建凉棚是古人避暑的重要方法之一。凉棚，是在夏天搭设用于遮阳乘凉的临时性棚子。夏天天气炎热，进行室外活动多有不便，在紫禁城的后宫建筑的院落里搭设凉棚不失为一个好办法。凉棚覆盖整个院落，不仅可以遮阳避暑，还可以阻挡部分空中的灰尘及鸟粪。图2-46与图2-47所示分别为紫禁城长春宫庭院及庭院内凉棚的烫样。长春宫位于紫禁城西六宫区域，是明清后妃居住的场所，明朝嘉靖皇帝的尚寿妃、天启皇帝的李成妃，清朝乾隆皇帝的孝贤皇后、咸丰皇帝的懿贵妃（后来的慈禧太后）均在此居住过。而烫样则是指古建筑的立体模型，皇帝批准建造一座宫殿之前，需要审核它的实物模型，这种模型一般用纸张、秫秸、油蜡、木头等材料制成。烫样可显示拟建造建筑的整体外观、内部构造、装修样式，以便皇帝做出决策。

▲ 图2-46　北京故宫长春宫

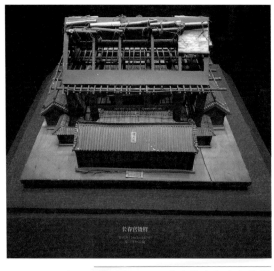

▲ 图2-47　北京故宫长春宫烫样

图2-47所示的长春宫凉棚烫样大约制作于清咸丰九年（1859年）。凉

棚的形式与长春宫正殿一样，分为5间房。该凉棚体量巨大，几乎占据了整个庭院的空间，其下部用杉篙支撑，杉篙的高度远超过长春宫正殿，上部屋顶形式为前后两坡，坡面覆盖苇席，并在上面开设了5个天窗，以利于光线的进入。天窗安装有两层卷帘，下层为苇席，用于防沙尘；上层为油纸，用于防雨。凉棚屋顶下的做法类似于长春宫正殿，设有门窗隔断，且外立面刷红色油饰，使得凉棚建筑的形式与长春宫建筑整体风格相协调。这种凉棚建筑，不仅能够遮阳防雨，而且空间非常开阔，通风散热极为方便，便于帝王后妃避暑纳凉。

5. 冰窖

冰窖是紫禁城古建筑中的一种避暑建筑，具有非常优秀的隔热性能，其主要作用是储藏冰块，也是帝王在暑期的饮冰场所，现共存4座，坐落在紫禁城西区隆宗门外西南约100米处，建筑形制完全相同。各冰窖均为南北向建筑，外表与普通硬山式建筑无异，只是不设窗，仅在南北两侧设门，见图2-48，内部则为半地下室形式，室内外地面高度差约2米。每座冰窖内部长约11米，宽约6.4米，墙体厚约2米，地面满铺大块条石，一角留有沟眼，融化的冰水可由此流入暗沟，暗沟附近有旱井，以利于暗沟排水。四周的墙体由下往上为1.5米高的石质墙体，约2.6米高的条砖墙，再开始起拱，做

图2-48　北京故宫冰窖

▲ 图 2-49　北京故宫冰窖餐厅券形顶棚

▲ 图 2-50　北京故宫冰窖餐厅地下部分

成拱券顶棚形式。顶棚与屋顶最高点的高差约 2 米，中间用灰土填充。图 2-49 至图 2-50 为冰窖内部在 2015 年被改造成餐厅后的照片，其半地下室增设楼板及支撑楼板的木柱，但是冰窖的内部原始空间并未改动，可以看到墙体和顶棚的材料及较为明确的建筑工艺。

目前关于紫禁城冰窖建筑的建造档案很少，但是同为皇家建筑的畅春园冰窖却有着详细的建造记载。清康熙三十九年（1700 年）六月，康熙下令在畅春园建造起 4 排共 24 间、能够容纳 30000 块冰的冰窖。每排冰窖长约 23 米，宽约 6.1 米。冰窖的基本建造过程是：包檐，以旧石柱为基石，用豆渣石墁台阶，置鼓门、脚柱石。四面墙基，以柏木为钉，表面铺豆渣石，灌浆。窖底四面墙高七尺、厚三尺，用旧式城砖垒砌灌浆，上面墙高八尺、厚二尺五寸，用旧式城砖垒砌灌浆，表面贴沙滚子砖，抹以石灰泥，再码以筒瓦。这段话说明冰窖的室内地面为旧石料铺墁，室内地面到室外地面间的台阶用豆渣石铺墁；建筑端部有拱形门洞，四周砌墙不设窗；墙基础为柏木桩基础（考虑地下水），基础之上铺墁豆渣石；墙体分为地下和地上两部分，地下部分墙高约 2.2 米、厚 1 米，用旧砖砌筑；地上部分墙高约 2.6 米，厚约 0.8 米，用旧砖砌筑，外表抹石灰泥；屋顶上铺墁筒瓦。这说明畅春园的冰窖采用了与紫禁城冰窖类似的半地下结构、圆拱门、厚厚的墙体及外表与普通建筑类似的瓦顶屋面的设计。不过，畅春园的冰窖使用的是豆渣石铺墁台阶和地面。豆渣石又名麦饭石，属火山岩类，其主要矿物质是火山岩，是一种对生物无毒、无害并具有一定生物活性的复合矿物或药用岩石。当冰水融化时，豆渣石可将水中的游离氯、杂质、杂菌等吸附、分解，提供矿物质，因而能防止水腐败，得到优质水。笔者在此推断，紫禁城冰窖地面的石材可能与畅春园的冰窖地面有着相同的净化冰水的功能。

从上述分析可知，紫禁城冰窖建筑采用半地下室建筑形式，利用地下温度恒定来保持室内温度恒定；建造厚厚的墙体及屋顶，

可以隔离室外高温；选用具有吸附、净化冰水功能的石材作地面，有利于保持冰块的卫生；地面设暗沟，有利于保持窖内干燥。

6. 建筑材料

建筑材料的隔热性能良好是建筑本身防暑性能良好的重要前提。隔热性能好的建筑材料除了具有较好的强度外，一般还都具有热阻值大、导热系数小的特性。导热系数可反映材料传递热量的能力，导热系数越小，则材料的隔热性能越好。与现代钢结构、混凝土结构、砌体结构的建筑材料相比，古建筑木结构主体受力材料的导热系数最低。钢材的导热系数［单位：瓦／（米·度）］约为48，混凝土材料的导热系数约为1.4，砖的导热系数约为0.7，木材的导热系数约为0.12。热阻值可反映材料对热传导的阻碍能力，热阻值越大，则材料的隔热能力越强。导热系数越小的材料，其热阻值越大，且建筑材料越厚，其热阻值越大。如前所述，紫禁城古建筑屋顶、墙体的厚度很大，因而其隔热能力良好。此外，紫禁城古建筑的琉璃瓦表面涂有光亮的釉层，具有较好的光泽度，不仅防渗水，还可以反射太阳光线，避免阳光直射瓦面造成的剧烈升温。

（三）小结

紫禁城古建筑有着诸多的隔热做法，如建筑布置"坐北朝南""背山面水"，建筑墙体采取"填馅"式施工工艺，建筑屋顶有着厚厚的泥背，屋顶之下有着架空梁架，屋檐采取起翘形式，建筑外面搭设易于遮阳通风的凉棚，利用土的隔热性能建造半地下结构的冰窖建筑以及使用木、砖等导热系数小的建筑材料等。上述做法使得紫禁城古建筑在夏天凉爽舒适，满足了帝王的使用需求，同时也体现了我国古代工匠丰富的智慧和高超的建筑技艺。

六 御寒

（一）引言

　　紫禁城位于我国北方地区，冬天温度较低，而明清两代又遇上了我国历史上第四个寒冷期——"明清小冰期"，一年中约有 150 天属于冬天，最冷时气温可达零下 30℃。即使在极其寒冷的时期，紫禁城的古建筑凭借地下供暖系统仍然有着良好的御寒功能。我国自古以来就有在地下烧火来烘暖地面的做法。如 1999 年发掘的吉林通化万发拨子遗址中，魏晋时期的房址较具特色，在地基挖成浅穴后，以块石或板石在房址的四周立砌成两组烟道，上铺平整的板石，形成长方形火坑，该火坑即为冬季取暖用。北魏时期地理学家郦道元所著《水经注》中记载："水东有观鸡寺。寺内起大堂，甚高广，可容千僧。下悉结石为之。上加涂塈。基内疏通。枝经脉散。基侧室外，四出爨火，炎势内流，一堂尽温。盖以此土寒严。"这说明观鸡寺不仅拥有可容千僧的大堂，还具有适于低温地区的特殊的取暖保温结构，按文中描述，寺内地面铺设石板，板上加抹灰泥一层，板下基石垒砌为火洞烟道；而室外基侧灶口、烟突交错，东薪西火，入炎出烟。在吉林省长白山金代皇家神庙遗址中，其斋厅出现地下采暖系统，由南墙操作间、东墙偏南灶台、北墙独立烟囱以及连接三者的四条地下烟道组成，是早期的皇家御用地暖系统。而明清时期，紫禁城的地暖系统设计得更加成熟。如晚明太监刘若愚著《酌中志》卷十七《大内规制纪略》载："右向东曰懋勤殿，先帝创造地炕于此，恒临御之。"卷二十《饮食好尚纪略》载："十月……是时夜已渐长，内臣始烧地炕。"由此可知，紫禁城在明代

时就有地暖了。据清末民初徐珂编撰的《清稗类钞》记载："每年十一月初一日，宫中开始烧暖坑，设围炉，旧谓之开炉节。"这里，"开炉"是开始使用炉火之意，开炉节揭开了宫中御冬消寒的序幕。尽管冬天室外寒冷，居住在宫中的帝王则过得非常舒适。乾隆皇帝在《冬夜偶成》一诗中就写道："人苦冬日短，我爱冬夜长。皓月悬长空，朔风飘碎霜。垂帘在氍毹，红烛明涂堂。博山炷水沉，和以梅蕊香。敲诗不觉冷，漏永夜未央。"道光皇帝在《养正书屋全集》中写道："花砖细布擅奇工，暗热松枝地底烘。静坐只疑春煦育，闭眼常觉体冲融。形参鸟道层层接，理悟羊肠面面通。荐以文裀饶雅趣，一堂暖气著帘拢。"在这里，"鸟道""羊肠"即为地下供暖的通道。

　　与现代人冬季采用的水地暖（在地板下埋设水管，热水在水管内循环流动，利用水热加热地板）或电地暖（在地板下埋设电缆或电热膜，利用电热加热地板）方式不同，明清时紫禁城采取的是烧火供暖，俗称"火地"或"暖地"。火地是紫禁城古建筑的一种地下供热系统，由位于窗户外面的地下操作口、窗户里面的地下炉腔、室内地面砖下面的火道组成。使用时，宫廷服务人员身处操作口内，将柴火或木炭置入炉腔内点燃，炭火产生的热源沿着火道路径扩散，并由地下的出烟口排出，其间加热地面砖，利用地面自身的蓄热和热量向上辐射的规律由下至上进行传导，从而保持室内的温度。《宫女谈往录》的《手纸和官房》一节记载了清代紫禁城建筑的取暖方式："数千间的房子都没烟囱。宫里怕失火，不烧煤更不许烧劈柴，全部烧炭。宫殿建筑都是悬空的，像现在的楼房有地下室一样。冬天用铁制的辘辘车，烧好了的炭，推进地下室取暖，人在屋子里像在暖炕上一样。"由上述描述可知，明清紫禁城内的火地即为地暖设施，为冬日的皇宫供暖。

　　（二）构造与原理

　　图2-51至图2-52为紫禁城火地平面、横剖面示意图，其中图2-51所示的虚线箭头为热量传导路线，图2-52所示含折断线

的墙体为窗户下部的槛墙。下面对火地的基本构造及传热原理进行分析说明。

其一，图2-51中编号1的位置为服务人员的操作口，其具体位置位于窗户外面的地面以下，尺寸一般为0.8米×0.8米×1米（长×宽×高）。紫禁城负责烧炭的人员在明代由惜薪司安排，在清代由内务府营造司安排。服务人员进入操作口，可在室内地下的炉腔烧炭火。操作口在不使用时会用厚木板盖上，以防止小动物钻入并便于宫中人员在室外行走。服务人员站在操作口内，可隔着窗户看见室内，便于与室内使用人员交流并及时增减炭火，以保证室内温度的适宜。操作口设在室外，还有利于避免室内火源产生的烟雾在室内弥漫以及其他安全隐患。

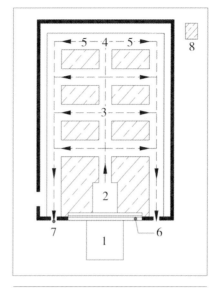

▲ 图2-51　北京故宫古建筑的火地平面示意图

[1- 室外操作口；2- 地下炉腔（即火源）；3、4、5- 火道，虚线箭头为热量在地下的传递方向；6- 窗户；7- 出烟口；8- 夯土示意图]

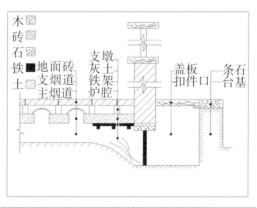

▲ 图2-52　北京故宫古建筑的火地横剖面示意图

其二，图2-51中编号为2的位置为火源所在地炉腔。炉腔的具体位置在窗户里侧的地下，其平面形状可为长方形或椭圆形，服务人员在此处烧炭，

▲ 图 2-53 北京故宫古建筑的送炭口铁箅子

热量由此处向室内扩散。炉腔与操作口之间的位置为送炭口，靠铁箅子（图 2-53）及炉门进行封护。铁箅子为生铁铸成，其边框截面尺寸较大，两端固定在两边的墙上，上部支撑槛窗下面的墙体。铁箅子能防止外面的人从地下钻入室内，炉门则是防止热源往外扩散。炉腔上方为铁架子，主要是用来增加支撑强度，以承受上部地面砖的重力，又因为铁的熔点高能承受烧炭产生的高温。

其三，服务人员烧炭后，热量沿着图 2-51 中编号 3 → 4 的方向往室内地下扩散，该方向的烟道为主烟道；同一时间，热量会在 4 → 5 的方向及与 4 → 5 平行的方向往两侧边扩散，4 → 5 方向的烟道被称为支烟道。上述主、支烟道的分布形式犹如蜈蚣，因此这个烟道俗称"蜈蚣道"。需要说明的是，由于热量是由下往上传导的，所以火源位置位于室内最低点，而主烟道从火源位置向室内延伸时，其高度逐渐增大，剖面呈斜坡上升状。这样一来，热量就可以较为迅速地向远处位置扩散。一般而言，主烟道截面尺寸较大，上面盖地砖一层；支烟道截面尺寸小，上面扣瓦，见图 2-54。为便于热量在地下扩散，主烟道的地砖之上、支烟道的瓦上再架空铺设地面砖，其架空方式为在灰土（夯土）之上立多个砖制支墩，见图 2-55，地面砖搭在支墩上，面砖之间接缝用灰浆抹严实。

其四，热量经过主、支烟道扩散到室内地下的各个位置，然后通过图 2-51 中编号为 7 的出烟口（图 2-56）排向室外。出烟口与操作口的位置关系见图 2-57。由于火源产生的绝大部分热量已在室内地下扩散，所以从出烟口排出的热已经非常少了。需要说明的是，出烟口相当于紫禁城的"烟囱"，这种"烟囱"与普通

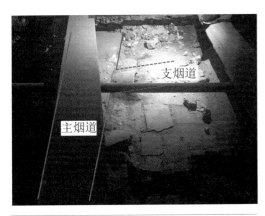

▲ 图 2-54　北京故宫古建筑的主烟道和支烟道

支烟道

主烟道

▲ 图 2-55　北京故宫古建筑的支墩

▲ 图 2-56　北京故宫古建筑的火地出烟口

▲ 图 2-57　北京故宫古建筑的出烟口与操作口的位置关系

建筑立在屋顶之上的烟囱不同，它位于室内地面以下，通过室外台基巧妙地将烟排出，既不影响建筑的整体外观，又能起到良好的排烟效果。这种做法，可以解释"冬天的紫禁城烧炭取暖，但不见一个烟囱"的说法（坤宁宫背立面有一个烟囱，那是萨满教祭祀杀猪煮猪肉时排烟的通道，与冬季取暖无关）。此外，为避免小动物从出烟口钻入室内地下，出烟口往往会砌上铜钱纹样的镂空砖雕，达到既实用又美观的效果。

　　紫禁城火地烧炭实际不会产生多少烟。这是因为紫禁城里取暖使用的木炭，是一种用易州（今河北省保定市易县）一带山中硬

木烧成的红箩炭。这种木炭"气暖而耐久，灰白而不爆"，质量非常好，燃烧时几乎不冒烟，而且燃尽产生的炭灰被收集起来，还能充当马桶、便盆中的衬垫物。

（三）相关说明

紫禁城古建筑的冬季取暖方式，主要以火地为主，当然还有其他取暖方式。针对紫禁城古建筑其他的御寒方法和有关紫禁城古建筑御寒的一些错误的认识，笔者做出如下相关说明。

其一，"火墙"一说。有媒体或文献认为，皇宫内的墙壁其实都是空心的"夹墙"，俗称"火墙"。墙下挖有火道，添火的炭口设于宫殿外的廊檐下，炭口里烧上木炭，热力就可顺着夹墙温暖整个大殿；皇帝办公的三大殿（一般指太和、中和、保和三大殿）、养心殿以及部分寝宫的墙均是空心的，殿内地砖下面砌有纵横相通的火道，直通向殿外的地炉子。上述观点都是错误的。

从工程实践角度来看，目前尚未发现紫禁城的古建筑墙体存在"夹墙"，如图 2-58 为紫禁城某古建筑墙体断面照片，可见墙体为实心砌筑，并不存在"夹墙"一说。

分析认为，"火墙"的说法应该是紫禁城"防火墙"概念的误传。紫禁城古建筑以木结构为主，很容易着火。为避免建筑一旦着火时火势蔓延，自清雍正五年（1727年）起，工匠们开始在紫禁城修建一种防火墙，也被称为封后檐墙，见图 2-59。这种防火墙的主要作用在于

▲ 图 2-58 北京故宫某古建筑墙体断面

▲ 图 2-59　北京故宫协和门北封后檐墙

一旦发生火灾，可阻断火源从门窗位置出入。清康熙三十四年（1695年）梁九复建太和殿时，康熙帝下令将太和殿、保和殿两端的木质斜廊改为砖砌的卡墙，以防止其他建筑着火可能蔓延到三大殿，卡墙也是紫禁城内的一种防火墙。部分人对上述紫禁城古建筑的防火墙产生误解，以讹传讹，把"防火墙"理解成了"火墙"，再与紫禁城内的"火地"设施混为一谈。事实上，紫禁城的前朝三大殿既没有火墙，也没有火地，皇帝于冬天在三大殿举行重要活动时，主要取暖方式为烧炭火盆。

当然，墙体属于紫禁城古建筑的重要御寒构造之一。紫禁城古建筑的墙体很厚，如太和殿墙体厚度达 1.45 米，可以起到良好的保温隔热效果。另一部分内廷建筑中，墙体室内一面还增设了木制墙板，墙体与木墙板之间的架空层可进一步阻止外来低温的入侵，有利于建筑内部的保暖。

其二，暖阁与火炕。这是紫禁城古建筑内与火地联系非常紧密的两种构造。暖阁，是在有火地的建筑内（尤其是内廷帝后寝宫），用木隔断将一部分区域与宫殿建筑的其他区域隔开，使之成为一个较为封闭的小空间，而且这个小空间能够保持恒定的温度。如位于内廷区域的坤宁宫，在明代为皇后寝宫，其最东边两间房在清代被改为皇帝大婚的洞房，改造方式与暖阁做法一致，因而被称为"东暖阁"（图2-60）。紫禁城内的火炕则是利用火地的热源，在建筑内（尤其是靠近窗户位置的区域）设置木制的（可在不用时拆卸）长方体台座，便于帝后在冬天进行日常起居活动（图2-61）。火炕在满族中一直很盛行，它既是寝息的设施，又是取暖的设施。明思宗崇祯十七年（1644年）清入关后，满族皇室将火炕大规模地运用在紫禁城的内廷建筑中。至此，火炕便成为火地之上便于帝后开展休闲活动的重要设施。

其三，紫禁城建筑的其他御寒措施。如古建筑以坐北朝南的

▼ 图2-60 北京故宫坤宁宫东暖阁内景

▲ 图 2-61　北京故宫养心殿内的炕

朝向为主，门窗主要在南面设置，背面以墙体为主，这与北京在夏天多刮南风、冬天多刮北风的气候特征密切相关；紫禁城古建筑屋顶厚重，且屋顶下有架空的梁架层，有利于防止外部寒气从上部入侵；紫禁城内有诸多宫墙，在一定程度上可部分阻挡冬季寒风的风力。此外，紫禁城古建筑屋顶檐部采用的是挑檐做法。这种挑檐做法可在夏天正午时分避免阳光照入室内，而冬天正午时分的阳光则恰能照入建筑最深处。在冬天早上时，阳光尚未照入室内，随着太阳升起，建筑内部逐渐接受光照，而到正午时分，阳光几乎正好射入室内最内侧墙壁的位置（图2-62），整个过程犹如对建筑逐

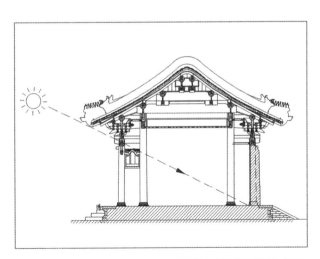

▲ 图 2-62　冬天正午太阳的照射范围

步加热，这使得紫禁城的屋内暖意洋洋，令人舒畅惬意。

（四）小结

　　紫禁城古建筑主要依靠火地系统御寒，这种系统通过在室外操作口烧火，火源产生的热量在室内地下扩散，并逐步向室内空间扩散，以达到室内保温的效果。除此之外，紫禁城厚厚的墙体及屋顶、适当的屋檐起翘角度以及紫禁城内纵横交错的宫墙，都有利于紫禁城建筑群在冬天御寒。而某些关于紫禁城古建筑有"夹墙""火墙"的说法是错误的。

第三章
精美技艺

我国的古建筑不仅具有营建智慧，而且其建造技艺精湛，建筑艺术丰富。本章以紫禁城古建筑为例，探讨我国古建筑的营建技艺和文化艺术，主要内容包括金砖地面的铺墁技艺、古建筑的建筑艺术和构造艺术。

一 施工技艺——以金砖墁地为例

始建于明永乐十八年（1420 年）的紫禁城拥有世界上现存规模最大、保存最完整的木结构古建筑群。它们不仅有着悠久的历史和灿烂的文化，而且其施工技艺也代表着我国古代建筑技术的高水准，金砖墁地则是其中典型的代表。金砖，并非是用真的金子做的砖头，而是一种大型号的方砖的雅称（图 3-1）。"金砖"名称的来源有三种说法：一是金砖由当时苏州陆慕御窑村所造，运送至京城，所以称之为"京砖"，后来演变成了"金砖"；二是金砖烧成后，质地极为坚硬，敲击时会发出金属的声音，宛如金子一般，

▶ 图 3-1 北京故宫保和殿金砖地面

故名"金砖";三是这种砖烧造工艺复杂,造价极为昂贵,因而民间唤其为"金砖"。与普通方砖不同,金砖在烧造、砍磨、铺墁等各方面要求极为苛刻,所铺墁的地面平整如砥,光滑似镜,质坚无比,六百年光亮如新,非一般普通方砖地面所能及。紫禁城现存大量宫殿建筑的地面为金砖地面,如太和门、太和殿、中和殿、保和殿、乾清门、乾清宫、交泰殿、坤宁宫、养心殿、宁寿门、宁寿宫、皇极殿、倦勤斋、奉先殿、英华殿、寿康宫、太极殿、长春宫、永寿宫、翊坤宫、储秀宫、体元殿、建福宫、抚辰殿、敬胜斋、景阳宫、敬怡轩、隆宗门、月华门、景运门、养性门、养性殿、乐寿堂、颐和轩等。金砖墁地技艺是紫禁城古建筑的重要技艺之一,本章基于文献资料与工程实践相结合的方法,开展对紫禁城金砖墁地技艺的研究,结果可为我国古建筑营造技艺的保护、研究和传承提供参考。

(一)施工准备

紫禁城金砖地面的施工准备,包括金砖烧制和现场砍磨两个部分。

金砖的烧制,有着极为苛刻的工序,从取土到出窑,共包括八个步骤。第一步:取土。选取当时苏州城东北陆慕特有的黄色粉沙型黏土,经过掘、运、晒、椎、舂、磨、筛等七道工序的处理,初步去除杂物,并使土块变小变细。第二步:炼泥。将所取土经过澄、滤、晾、晞、勒、踏六道工序,炼成可以用来制坯的泥料。炼泥是金砖制作的关键工序之一,也是金砖制作与普通砖瓦烧造的主要差别所在,工艺的繁复使得炼泥需持续 3 个月左右的时间。第三步:制坯。当泥熟透后,开始制坯。将泥放入木桶内,分层夯实,形成泥墩子。然后将泥墩子放入砖模内,夯实,使之成型。第四步:阴干。将砖坯子放入可通风室内,让砖坯脱水干燥,此过程需要 5~8 个月。第五步:装窑。阴干后的砖坯入窑准备烧制,每个窑装 100~300 块金砖,且堆叠在窑的中心位置,四周配以其他普通散砖,以防止后续窨水时水滴在砖上形成白斑。第六步:烧窑。将制成的砖坯入窑烧造,起初用文火,然后逐步加大火力。烧窑时,要用草糠、片柴、

颗柴、枝柴等各烧上一个多月，还需要防止火势过于激烈而使砖开裂，也不能因窑室内的温度过低，或熏烧时间不足而烧出发黄的砖。

第七步：窨水。从窑顶慢慢渗入适量的水于窑座之中。在高温作用下水变成蒸汽，该蒸汽作用于砖面，使之由朱红色变成青黛色。

第八步：打开炉门，让炉内通风降温，待砖完全冷却后，即可出窑。上述工序往往费时一年半，而普通方砖的烧制，仅需十余天。烧制后的金砖必须颜色纯青，敲之声音响亮，形状端正，毫无损伤。但是由于砖身较重，工序烦琐费时，烧造十分艰难。特别在入窑点火后，若稍有不慎，马上就会出现质脆色黄、不适于使用的情况，严重时，整窑砖全部报废。为保证金砖使用，每块金砖还配有副砖（备选砖）。如乾隆三年（1738年）九月初八日，《江苏巡抚许容为奉先殿太庙等处工程金砖动支正耗银两事奏折》记载："砖身重大，烧造艰难，火力未到，色黄质脆。火力稍过，又多损裂。熄火之后，灌水稍有不匀，便致青红色杂。而其中凹凸碎断，更不中款。是以例造副砖，以供选择。前明皆造一正二副。"由此可知，金砖烧制工序苛刻繁杂，成品率低，其质量优异、造价亦匪浅。金砖烧制好后，用船从京杭大运河运至北京通州漕运码头，再由骡车运至紫禁城。

现场砍磨。烧制后的金砖运到紫禁城后，并不能立刻使用，需要进行现场砍磨加工，使得砖的平整度、细部尺寸满足铺墁要求。砍砖一般在棚子内进行。砍砖的桌子可包括单桌、一字桌、丁字桌和十字桌（图3-2）等几种，分别用于一人、二人、三人、四人操作。每个桌子

▲ 图3-2 北京故宫的砖桌

又有高低台，高台用于对需加工的砖进行铲面、细磨，低台则主要用于存放砖件。砍磨砖的传统工具主要有斧子（由木制的斧棍和两端带刃的刀片制成，用于铲平砖的表面及砍去砖侧面的多余部分）、扁子（类似斧头的工具，用于打掉砖多余的部分）、敲手（长方形木条，敲击扁子用）、刨子（类似于木工刨，用于刨平砖的表面）、錾子（用薄型扁铁制成，前端磨出锋刃）、平尺板（由薄木板制成，要求两小面平直，用于砖表面画线及平整度检查）、划钎（尖、细、长的铁质工具，用于画线）、磨头（磨砖工具，今多用废砂轮制作）、方尺（木制直角拐尺，用于加工砖时画线和尺寸检查）、制子（用竹片制成，为砍砖的标准度量器具）等。砍砖时，首先铲面，即将砖放在桌面上，用刨子将表面不平整之处铲平，用磨头通磨数遍，再用平尺板检查砖的平整度，使之表面平整。随后进行过肋（"肋"即砖的侧面），即根据设计好的尺寸，将磨好的砖的四面砍除部分，使之宽度相等，且对角线尺寸一致。过肋时，用划钎和平尺板在砖肋上画出痕迹，作为过肋标准线，用扁子将线外部分打掉，用斧子砍砖使之接近所需尺寸，再用磨头将砖棱位置磨平直。当砖肋的上部四个部分过完后，即可将其翻转再进行砍磨。砍磨后的砖要求上宽下窄，窄小部分有利于灰浆渗入，该部分俗称"包灰"。为避免铺墁、搬运砖时硌手，砖底部包灰位置的棱角应用磨头磨圆。

（二）铺墁技艺

金砖的铺墁工艺与普通砖地面类似，但要求极为苛刻，且需要耗费大量人力和时间。如清工部《工程做法则例》规定：砍磨二尺见方的金砖，每一个工人每天只能砍 3 块；铺墁金砖地面，需要瓦工 1 人和壮工 2 人，且每天只能铺墁 5 块。基于现场调查及古代地面铺墁的工艺技术，可获得故宫金砖地面铺墁的具体步骤，主要包括处理垫层、定标高、冲趟、样趟、揭趟、浇浆、上缝、铲齿缝、刹趟、打点、墁水活、泼墨钻生、烫蜡等。以下结合故宫普通地砖铺墁的照片资料（金砖地面不易损坏，很少有金砖地面铺墁或修复照片资料）进行详细说明。

第一步：垫层处理。所谓垫层，即与地基土直接接触部分。金砖地面的垫层可采用灰土，也可用砖铺砌在地基土上作为垫层。垫层的主要目的是提供一个稳固、平整、防潮的基层，以利于金砖铺墁。垫层的厚度一般与砖厚度相近。

第二步：确定地面高度即金砖面层的位置。按室内地面标高确定地面的高度标准，并在四面的墙上弹出墨线。金砖面层与柱顶石的外棱齐平，见图3-3。金砖面层高度的确定，传统

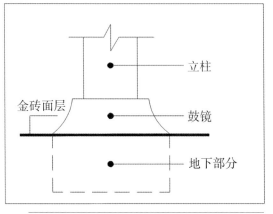

立柱

金砖面层

鼓镜

地下部分

▲ 图3-3　北京故宫的金砖地面高度示意图

的方法是利用水管找平，即用一根水管，一端的水位与柱顶盘相平，另一端贴在墙上，根据连通器原理，贴墙一层水位的位置即金砖面层的位置。在墙上做出若干金砖面层高度位置后，弹墨线即可获得金砖地面的控制高度。除此之外，还需确定金砖铺墁的尺寸范围，并预先计算所需金砖的数量。

第三步：冲趟。"冲趟"即在室内两端、正中拴好拽线（与建筑进深方向平行的控制线）并各墁一趟砖（图3-4）。冲趟时，首先在垫层上铺底层灰，然后再铺砖。铺墁金砖地面的底层灰与普通方砖地面的不同，普通方砖地面的砖下面用泥，金砖地面用纯白灰或干沙，其厚度与金砖厚度相同，且硬度适中。若用干沙作为金砖底部的垫层，要先把沙子铺在砖下并用尺板将其刮平。若用纯白灰作为底层灰，须用瓦刀将底层灰打成若干小坑，以利于砖与底层灰的黏结，然后将砖平放在灰层上按压平整。砖放平后，再用墩锤敲打砖的中心点，使得砖与底层灰接触严实、平整。若金砖下为沙

子垫层且厚度过大，可用铁丝弯成钩子，再用钩子将沙子取出少许，然后将砖铺平。冲趟要求室内正中的第一块砖为整砖，且要对准门口的中心点，称为"整砖座中"，然后依次向后檐铺墁。

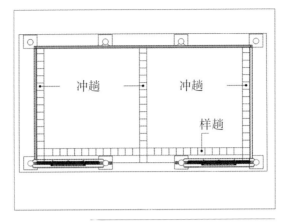

▲ 图3-4　冲趟与样趟平面示意图

第四步：样趟。"样趟"即在第三步的拽线之间拴一道卧线（与建筑面宽方向平行的控制线），再以卧线为准墁砖，由前檐向后檐方向逐步铺墁（图3-4）。卧线与拽线垂直，分别控制金砖铺墁的纵横两个方向（图3-5）。墁砖时，每块砖应该平放，与卧线对齐，灰缝应该严密，大小一致。砖底的灰浆不宜太足，宜铺成类似鸡窝泥（底层灰有若干小凹坑，外观类似鸡窝，便于黏结）的样式。冲趟、样趟的砖层决定着整个金砖地面的高度、平整度和铺墁范围。

▲ 图3-5　拽线与卧线

第五步：揭趟、浇浆。"揭趟"即把墁好的砖揭下来，必要

时可对每块砖进行编号，以利于砖准确地放回原有位置。揭趄属于将砖与底层灰粘牢前的准备工作，揭趄后砖及底部垫层无异常时，方可将砖铺墁严实。揭趄的砖一般5~6块叠放，以利于后续的挂油灰操作。揭趄后的砖基层若出现局部坑洼，需要用同种材料补平，该做法俗称"垫鸡窝"。"浇浆"即在沙子（或底层灰）上浇注月白灰浆。金砖墁地浇浆具体的做法为在沙子层的四个角位置，各用铁勺挖出一勺沙子，使之成为四个坑，然后用月白麻浆（青灰浆与白灰浆按3：7混合，再掺入碎麻）将四个坑填平，这种做法俗称"打揪子"。浇浆后，即可进行下一步的上缝工作。需要说明的是，灰浆材料中的白灰即生石灰，其加水后具有较好的黏结力，但水分蒸发时体积会收缩并产生裂缝，而麻刀（碎麻）则可避免或减小灰浆的开裂。

第六步：上缝。"上缝"是将拟铺墁的砖与已铺墁的砖侧面挤紧的过程。首先利用"木剑"在砖的里口砖棱位置挂油灰。油灰是体积比为白灰：面粉：烟子：桐油=1：2：0.5~1：2~3的混合物。其中，白灰即生石灰，可增加油灰的黏结强度；面粉具有延展性好、和易性好等优点；烟子又名锅底灰，是稻草麦秸秆燃烧后附在锅底的黑色粉末，主要起调色作用；桐油是将采摘的桐树果实经机械压榨加工提炼制成的天然植物油，具有干燥快、比重轻、光泽度好、附着力强、耐热、耐酸、耐碱、抗腐蚀、不导电、防水性好等优点。为便于砖之间的侧面黏结，需要提前将砖的两肋位置浇水淋湿，一般可用麻刷子沾水涂刷砖肋表面；条件允许时，可沾矾水涂刷。所谓矾水，即黑矾（七水合硫酸亚铁）与水的混合物。挂完油灰的砖重新铺墁在垫层上，并用墩锤的木柄连续撬动砖，使之与其余的砖接缝对齐，且灰缝严实，厚度一致。上缝后，可用竹片将砖缝间挤出的多余的油灰刮平刮净，放回油灰槽内，俗称"起油灰"。此外，为防止砖底部的沙子流出来，可用月白麻刀灰将砖下棱的沙子堵严抹平，该做法被称为"抹馅"。

第七步：铲齿缝。"铲齿缝"即将砖表面突出的部分铲去。

为保证砖表面及砖与砖的接缝平整，需要用平尺板在砖表面进行检查，然后将砖面凸起的部分铲去，并用磨石磨平，使得砖的表面平整度一致。由于该过程不需要对砖面浇水，因而又被称为"墁干活"。

第八步：刹趟。"刹趟"即以卧线为标准，检查砖棱表面，并将砖棱突出的部分磨平。为保证所墁地面严丝合缝且平整度一致，在每趟砖铺墁完后，要检查砖棱是否有突出的地方，检查方法是用平尺板靠在砖棱位置检查是否平整，若发现有凹凸不平之处，即用磨石将不平之处磨平，以保证每趟砖棱齐直。

上述第一至八步为金砖地面铺墁的初步过程，随后的第九至十二步为地面的完善、巩固和修饰过程。

第九步：打点。"打点"是对金砖表面的缺陷进行修补的工序，即金砖面上如有残缺或砂眼，就用砖药打点补平。砖表面缺陷一般是由烧造、运输、铺墁过程中的磕碰造成的，一般非常轻微。虽然这种缺陷不明显，但影响砖面的整体美观，因而需要修补。砖药即用砖灰磨成粉末，然后掺入生石灰粉和青灰，再加水调和成的一种与砖面颜色相近的混合物。打点后的砖面显得完整而密实。

第十步：墁水活并擦净。所谓"墁水活"，即在地面浇水，然后用磨石对地面进行打磨。墁水活的主要目的是使地面保持平整，并有利于后续工序的开展。其需要的施工材料为磨石、细水管、水。给地面墁水活时，用细水管浇水使得地面湿润，然后进行打磨。打磨时，先对地面平整度进行检查，对出现的明显不平整的地方进行打磨，然后对地面进行整体打磨。其中，地面不平整既包括砖表面本身的不完全平整，又包括打点砖面后产生的砖表面不平整，还包括施工拽线局部下垂产生的砖面层不平整。另给地面浇水的目的主要有三：其一是避免打磨地面时产生扬尘；其二是增加磨石与地面间的摩擦力，便于施工；其三是地砖浇水后，水分渗入地砖内的毛细孔中，增强了砖自身的强度，避免了地砖在打磨过程中产生局部破坏。

第十一步：泼墨钻生。"泼墨"即将热的黑矾水分两次泼洒

或涂刷在地上，其主要目的是对地面进行防止风化的保护。黑矾水的制作方法为：把10份黑烟子用酒或胶水化开后与1份黑矾混合；将红木刨花与水一起熬煮，当水变色后取出刨花；然后把黑烟子、黑矾的混合物倒入上述水中熬煮，直至水的颜色变成深黑色即可。

"钻生"即在地面浇桐油，以增加砖层的硬度。当地面干透后，在地面上浇约3厘米厚的桐油，然后将桐油来回推搂。当桐油充分渗透到砖层中后，再用刮板将多余的桐油刮去。之后在生石灰粉中掺入青灰粉，使之与地面砖的颜色相近，然后将灰撒在砖面上，厚度为3厘米左右，2~3天后，灰与砖面粘牢后，再将砖灰刮去。最后，用软布将地面擦净。

第十二步：烫蜡。"烫蜡"即打蜡，是用蜡烘子将石蜡烤化后使其均匀地淌在砖面上的过程。烫蜡的主要目的是使地面光亮，且蜡固化后可隔绝空气、水、灰尘，还可起到防止磨损的作用。烫蜡前，应确保地面干燥。烫蜡时，首先将局部地面进行擦拭，确认无异常后再整体打蜡，用烤热的软布反复揉擦地面至光亮，只要蜡不呈干燥迹象，就可尽量多涂擦，但不要增加蜡的厚度，擦蜡要擦到面上闪闪发光为止。待蜡皮完全凝固后，再以软布沾香油擦拭数遍即可。香油可增加地面的润滑度和光亮度。地面烫蜡以后，光亮滑爽，干净利落而又舒适，且清扫方便。

经上述工艺铺墁后的金砖地面坚硬无比，油润如玉。

关于金砖的铺墁，清代档案的相关记载可说明其复杂性和严格性。如乾隆四年（1739年）六月，《总管内务府大臣海望为乾清宫铺墁金砖需用钱粮物料事奏折》载有："臣派员详细踏勘得，乾清宫殿内明三间，铺墁见方二尺二寸金砖六百七十六块。估计得需用物料工价银三百二两一分九厘。行取黄蜡一百二十六斤十二两、江米一石一升四合、黑炭二千二百二十八斤。此项银两请在广储司库内支领，派员择吉兴修。且铺墁金砖必须水磨铺墁，方能平整，及其干燥，始可烫蜡。今应先行水磨铺墁，加工磨好，俟八九月间，金砖干燥时，再行烫蜡。"又如乾隆四年八月，《总管内务府大臣海望为养心殿铺墁金砖需用钱粮物料事奏折》载有："臣海望谨奏，为养心殿铺墁金砖需用钱粮物料事。臣派员踏勘得，养心殿前、后殿，及穿堂共用金砖一千二十块。详细估计得，需用物料工价银四百三十二两二分一厘，每块砖用黄蜡三两、用黑炭一斤十四两，共行取黄蜡一百九十一斤四两、黑炭一千九百一十二斤、江米一石二斗七升、木柴一千二百斤。此项所需银两，请在广储司库内支领，派员兴修。查铺墁此金砖，约至九月二十间方可告竣。及至彼时天气寒凉，金砖不能干燥，难以烫蜡。今应先行铺墁，加工磨平，俟明春金砖干燥时，再行烫蜡。"

（三）小结

金砖墁地是紫禁城古建筑营建技艺的典型代表。金砖烧造严格，砍磨加工细致，铺墁地面工序苛刻繁杂。紫禁城金砖墁地的主要工序包括处理垫层、定标高、冲趟、样趟、揭趟、浇浆、上缝、铲齿缝、刹趟、打点、墁水活、泼墨钻生等。紫禁城金砖地面坚硬无比，历经六百年仍光亮如新，体现了我国古代劳动人民的勤劳和智慧。

二 建筑艺术

　　所谓建筑艺术，即为满足社会生活需要，遵循科学规律和美学法则，利用合理的物质技术手段，对固定性人工环境进行设计的艺术，其目的是要实现建筑和环境、建筑与人关系的平衡，追求真善美的统一。位于紫禁城中轴线南部的太和殿是紫禁城中建筑体量最大、等级最高、最具有代表性的建筑。太和殿为皇帝举行重要仪式的场所，建成于明永乐十八年（1420年），期间历经数次焚毁，现存建筑为清康熙三十六年（1697年）时的建筑形制。建筑平面为长方形，面宽十一间，进深五间，建筑面积约2000平方米。太和殿为重檐庑殿屋顶形式，建筑装饰奢华，色彩绚丽，并辅以各种陈设，以衬托其庄重、威严的建筑意境。为研究紫禁城古建筑的建筑艺术，本节以太和殿为例，从建筑布局、建筑造型、建筑装饰、建筑色彩、建筑陈设等角度出发，探讨其中蕴含的建筑艺术，并以此揭示紫禁城古建筑的审美价值和文化价值，推进紫禁城古建筑的保护与研究。

（一）建筑布局

　　太和殿的建筑有"皇权至上"的布局艺术。太和殿位于紫禁城的中轴线南部。"中"和"南"均能体现封建王朝治国的皇权思想。《吕氏春秋·慎势》有"古之王者，择天下之中而立国，择国之中而立宫，择宫之中而立庙"，可说明"中"在营建都城、宫室规划上的重要性。皇帝居住在城市的中心，寓意皇帝是真龙天子，皇帝统治国家是上天的授权，皇帝具有正统地位。"中"还有"核心"的意思，皇帝的位置居"中"，"中"就是核心，只有核心才能涵盖周围或辐射周围，天子居中才足以象征天子俯对大地、要对天下负责之正统地位。这种思想，是太和殿位于紫禁城"中"部位置的重要影响因素。另从阴阳方位上讲，"南"属于"阳"，是紫禁城内皇帝执行政治权力所在建筑的方位，而太和殿位于紫禁城南部的南端，属于"阳中之阳"，这种寓意与太和殿至高无上的地位相符合。不仅如此，太和殿布局还体现了"九五至尊"的思想。我国古代的阳数（奇数）中，"九"最大、"五"居中，《周易·乾卦》中爻辞有："九五，飞龙在天，利见大人。"因此，"九五"即为皇帝的尊位。太和殿建筑轴心距总长度为60.13米，总宽度为33.35米，二者之比恰好为9：5（图3-6），该比例与"九五"吻合。由上可知，太和殿在布局上体现了皇权的高度集中性，为古代皇家建筑艺术的一种表现形式。

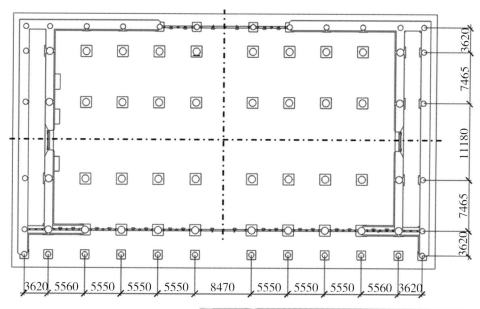

3620　7465　11180　7465　3620

3620　5560　5550　5550　5550　8470　5550　5550　5550　5560　3620

▲ 图3-6　北京故宫太和殿平面图（单位：毫米）

（二）建筑造型

紫禁城古建筑一般坐落在高高的台基之上，这样不仅有利于建筑本身的稳定及建筑防潮，而且能够体现出宫殿建筑的高大与威严。紫禁城前朝三大殿的台基做法体现了我国古建筑台基工艺的最高等级，即采用三层须弥座叠加而成，称为"三台"，总高度达 8.13 米（图 3-7）。三台的周围为石质须弥座，上表皮为地砖，而核心部分则为分层夯实的灰土。在每层须弥座上，横卧地栿，地栿之上为望柱，望柱头雕刻有云龙和凤纹的装饰，望柱间安装有栏板，栏板上雕刻有荷叶净瓶。每块栏板之间的望柱作为衔接构件，望柱与

栏板的两端凿出沟槽状的榫卯，栏板从外观上看也十分精美。每段栏板的地栿下方有小的圆形排水口，且在望柱位置伸出圆雕的龙头。这个石质的"龙头"被称为排水兽，其形象为古建筑龙生九子的老六"虫八虫夏"（图3-8）。太和殿三台共有排水龙头1142个，雨季时节，每个龙头可产生良好的排水效果，形成"千龙吐水"的奇观。而晴天时，在阳光的照射下，层层叠叠的白石座上有成百上千个清晰的龙头投影，整个画面犹如一幅色彩明快的水彩画。太和殿台基龙头造型的排水兽与太和殿的庄严华贵氛围相契合，使得整座建筑产生恢宏的艺术效果。

▲ 图3-7　北京故宫太和殿三台及屋顶

太和殿的立面尺寸符合"百尺为形"的要求。从我国传统建筑文化角度讲，所谓"形"，就是指建筑个体性的、局部性的、细节性的空间构成及对应的视觉效果。我国古人非常注重在建筑上的尺度合宜，以满足人的生理、心理及社会需要，而"百尺为形"的尺度规定，则一般作为建筑单体外部空间的设计标准，有利于引起审美的愉悦，是古代建筑艺术臻于完善的表现。"百尺为形"是我国古人对建筑立面最佳欣赏效果的尺寸要求。明清时期，1尺约为0.32米，那么百尺约为32米。包括太和殿在内，紫禁城所有的建筑单体基本符合"百尺为形"的设计要求。从建筑高度角度讲，紫禁城最高的单体建筑是午门。午门是紫禁城的南大门，是皇帝举行迎春、颁布历法、受俘等仪式的场所，其建筑连城台的总高为37.95米，基本上符合"百尺为形"的要求。午门以北的太和门高度仅为23.8米。太和门以北为紫禁城内建筑等级最高、装饰最为豪华壮丽的建筑——太和殿，其高度连同三层台基有35.05米。这样一来，太和殿雄伟、壮观的外立面就能够得到较为完美的呈现。

▼ 图3-8　北京故宫太和殿三台近照

太和殿的立面造型符合我国传统文化的"天圆地方"理念。"天圆地方"的概念很早就在我国出现，其含义不可望文生义地将其作具体形状理解，即不可理解为天是圆的、地是方的。"天圆地方"其实指的是测天量地的方法。"天圆"指测天须以"圆"的度数，即圆周率来计算，古谓"三天两地"的"三天"指的即是圆周率；"地方"指量地须以"方"来计算，"两地"即"方"，指边长乘以边长。"天圆地方"的测量方式在我国很早就得到了应用，如在距今5000年前的辽西红山文化遗址中已经发现了最早象征天地的天圆

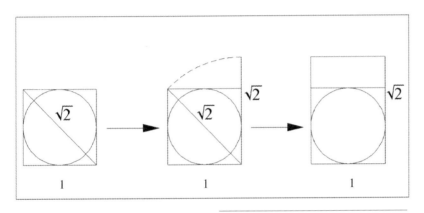

▲ 图 3-9　最简单的方圆比例关系

地方祭坛。距今2000年前的我国古代数学及天文学著作《周髀算经》中提到："万物周事而圆方用焉，大匠造制而规矩设焉。"说明运用方圆之法作图其实是古代大匠设下的规矩。包括紫禁城在内的古代都城、宫殿建筑的规划设计都是基于该理念开展的。"天圆地方"的精妙之处在于，实现了"形"（面积）与"数"（长度）的完美统一。方圆比例的最直接的数字体现就是$\sqrt{2}$。如图 3-9（左）所示的圆形，其直径为 1，则其外切正方形的对角线长度为$\sqrt{2}$。该对角线经过巧妙的转动，成了圆形的外切长方形的长边，见图 3-9（右）。这种长方形的长与宽的比例为$\sqrt{2}$，$\sqrt{2}$成为紫禁城诸多宫殿建筑规划设计的重要数字。如太和殿建筑本身高度为 26.10 米，而下

第三章　精美技艺

125

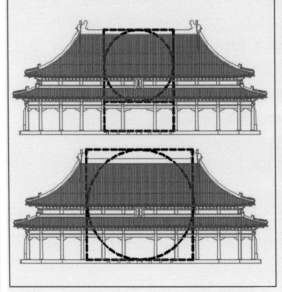

▲ 图3-10 北京故宫太和殿立面方圆比例运用

檐柱头位置至屋顶的高度为 18.54 米，二者之比为 26.10 : 18.54=1.41 ≈ $\sqrt{2}$。从比例构图来看，太和殿下檐柱顶到屋顶的距离为直径，以此直径绘制一个圆形，该圆形外切正方形的对角线旋转至与地面垂直的角度后，该对角线的长度恰恰为太和殿建筑的高度，见图 3-10 上半部分所示。不仅如此，以太和殿建筑高度为直径画圆形，则该圆形的外切正方形恰恰占据太和殿最高与最低的四个角点位置，见图 3-10 下半部分所示。以上说明，太和殿立面造型是以"天圆地方"的理念为依据建造的。其不仅表达着紫禁城的工匠们有着"天圆地方"的宇宙观、"象天法地"的规划思想，而且在立面上形成了优美华贵的艺术效果。

太和殿屋顶为重檐庑殿形式，为我国古建筑屋顶等级的最高形制，体现了建筑本身的壮观和雄伟。重檐屋顶的主要表现形式为两层屋檐，且屋顶包括一条正脊和四条戗脊（两个斜坡的交线称为"戗脊"）。正脊由多层瓦件叠加而成，在断面上形成凸凹相间的曲线，在立面上增加了建筑的总高，凸显了建筑的壮观和威严。戗脊的曲线和舒展翘起的翼角给人一种飘逸向上的感觉，使笨重的大屋顶立显轻盈，形成了中国古建筑独有的造型特点。这种屋顶形式，在我国所有的古建筑屋顶类型中等级是最高的。太和殿屋顶的坡度由上至下由陡变缓，形成柔和优雅的曲面，各坡面相交的脊则形成优美光滑的曲线，在实际用途上有利于防风和排水。各脊的端部，都排放着形态各异、秩序井然的小兽，丰富了屋顶的造型，增添了屋顶的活力。太和殿屋顶整体较高，有利于阳光照射到屋檐下的室内空间。而屋檐在中间平直，向两端则逐渐起翘，并向天空延伸，犹如反宇之势，

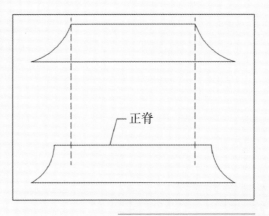

▲ 图 3-11　推山示意图

形成与天宇的融合之美。太和殿屋顶为黄色的琉璃瓦，在阳光的照射下金光闪耀，使得整个建筑表现出极其华丽而又庄严的美，这种美与紫禁城宫殿的功能形成一种和谐。

　　太和殿屋顶造型的另一个重要特征是运用了"推山"的技艺。推山是庑殿类古建筑梁架的一种施工技艺，其具体做法为将正脊加长，两山面屋顶向外推出，使得两山屋面的坡度变陡峭（图3-11），其中上图表示推山前，下图表示推山后。推山的做法使得古建筑在视觉效果上有明显的曲线美，更加突显其雄伟和壮观。推山的做法在庑殿建筑中是非常必要的，因为该类型屋顶四面都有坡，如果两个相邻的坡屋顶坡度相同，那么戗脊在平面上的投影就是45度的直线，这样一来，其立面优美的外形不能得到突显，就会使古建筑显得平庸。然而，庑殿类古建筑屋顶是我国古建筑各类屋顶中建筑等级最高的，这就决定了其必须有不同于其他类型屋顶的雄伟和壮观之处。基于此，聪明的古人采取了一种方法，即将山面的步架的水平尺寸按照一定的规律，从下往上逐渐缩短。这种缩短的结果，使得建筑在高度及总宽度不变的情况下，前后坡端部长度增加，山面部位的长度减小，对应的效果是前后坡屋面看起来开阔、壮丽，而山面的坡屋面显得更加挺拔、雄伟。

　　太和殿正脊的两端，有龙头状的装饰，称之为"正吻"（图

3-12）。正吻表面饰龙纹，龙爪腾空，怒目张口吞住正脊，作为整个建筑驱灾避邪的镇殿之物，象征着皇权的威严和至高无上。正吻压在前后两坡及山面一坡瓦垄的交汇处，左右有两条戗脊与之相交，下面是有雕饰的吻座和吻下当沟。正吻前面的龙口吞住整个正脊，并引出铜鎏金吻钩且垂下铁链（吻索），铁链的主要目的是固定正吻，防止其产生倾斜，铁链下端用索钉从瓦面上的钉孔钉入望板固定。太和殿屋顶的正吻是紫禁城中体量最大的正吻，为13个构件拼组而成（不包括剑把），连吻座、插剑、背兽共计16件组成一份。正吻高3.46米，宽2.68米，厚0.52米，重4.54吨，每两个琉璃构件相接处都用铜鎏金的铁钉（俗称"扒锔子"）固定把牢。需要说明的是，太和殿正吻采用剑把的造型有着很强的寓意：太和殿怕着火，龙

可以喷水，水可以灭火；为了不让龙飞走，因此用剑插在龙头上，只露出剑把。太和殿正吻雕刻的纹饰非常精美，小到仔龙的鳞片、龙爪的各个关节都活灵活现，有很强的立体感，体现出清代建筑琉璃构件的制造工艺水平的精湛。紫禁城古建筑屋顶正吻被视为神物，制成后要派一品大员前往烧造窑厂迎接，安装正吻时还要焚香，行跪拜仪式，以表敬意。太和殿两端的正吻，不仅突显建筑整体的造型之美，而且寓意了丰富的文化艺术内涵。

◀ 图 3-13　北京
故宫太和殿宝座

（三）建筑装饰

　　紫禁城现存做工最讲究、装饰最华贵、等级最高、雕镂最精
美的宝座，应当是太和殿中陈设的髹金漆云龙纹宝座（图 3-13）。
它设在大殿中央七层台阶的高台上，后方摆设着七扇雕有云龙纹的
髹金漆大屏风。它是明朝嘉靖年间制作的，材料为楠木。宝座通
高 1.73 米、座高 0.49 米、宽 1.59 米、纵深 0.79 米。太和殿宝座周
身雕龙髹金，在装饰上十分神圣化。宝座上部采用圈椅式椅背，下
部承托以宽阔的"须弥座"式椅座和脚踏，设计均采用最尊贵的形
式。13 条金龙分布盘绕于椅背上，其中最大的一条正龙昂首立于
椅背的中央，后背盘金龙，中格浮雕云纹和火珠，下格透雕卷草纹。
高束腰处四面开光，透雕双龙戏珠图案。透孔处以蓝色彩地衬托、

【中华文明的印迹】

古代建筑

传统文化与技艺的典范

高束腰上下刻莲瓣纹托腮。中间束腰饰以珠花,四面牙板及拱肩均浮雕卷草及龙头。宝座通体罩金箔并镶红蓝宝石作装饰,极显其尊贵。宝座后以高大宽阔的雕龙髹金屏风作衬托,周边对称陈列掐丝珐琅的太平有象、甪端、仙鹤以及香筒、香炉等礼器,更与前后左右6根贴金蟠龙金柱交相辉映,使整个大殿中央一派金碧辉煌。太和殿宝座的髹金漆做法在礼制用品中属于最高档次。髹金漆工艺,即把赤金在广胶水中研细后,去胶晾干晒成粉末,再用丝绵扫到打好金胶的宝座上,然后罩一层清漆(透明漆)。从用漆角度来看宝座,其通体贴金,工料精良,虽历经年代长久,但依旧灿烂生辉。

太和殿共有72根立柱,其中殿内明间有6根蟠龙金柱(图3-14)。这6根金柱分为两排,东西各3根。每根金柱高12.7米,直径1.06米,点缀着太和殿宏伟的空间。金柱上各绘制1条巨龙,龙身缠绕全柱,龙头昂首张口,似在穿云驾雾。每根柱子的下方均绘有海水江崖纹,汹涌的海浪拍打礁石,激起层层浪花,烘托出巨龙的升腾磅礴气势。这6根金柱并非黄金铸成的,而是和其他立柱一样,均属大木构件。与其他立柱表面饰朱红油饰不同,这6根蟠龙金柱在木柱外表各包镶一层黄金,黄金面层的金龙纹饰,由鼓凸出来的粗细不同

▶ 图3-14 北京故宫太和殿蟠龙金柱

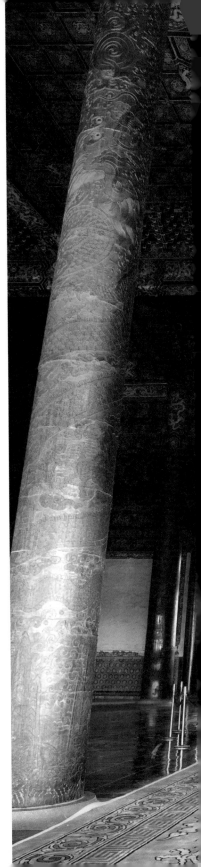

▶ 图 3-15 北京
故宫太和殿天花与
藻井

的线条组成，既不是雕刻出来的，也不是捏塑出来的，而是经沥粉
工艺制成。其具体做法为用石粉加水胶调成膏状材料，再将材料灌
入皮囊内，皮囊一端安装一个金属导管，用手挤压皮囊，从导管内
排出材料，附在地仗上，就形成流畅的、鼓起的线条，组成蟠龙图
案。太和殿的 6 根蟠龙金柱位于大殿核心部位，这些金柱使大殿显
得华贵庄重。

　　天花亦称顶棚，一般位于古建筑殿（室）内，是古建筑内用
以遮蔽梁架部分的构件。紫禁城古建筑的天花可分为硬天花和软天
花两种形式，前者以木条纵横相交成若干格，也称为井口开花，每
格上覆盖木板，天花板圆光中心常绘龙、龙凤、吉祥花卉等图案，
常用于等级较高的建筑；后者则以木格栅为骨架，满糊麻布和纸，
上绘彩画或装饰编织物，为等级较低的天花。太和殿天花属于硬天
花做法（图 3-15）。对于每块天花而言，其板上绘制有金色的正

面龙，形象威武；正面龙的四个岔角为五彩祥云，衬托出龙的腾跃之势（图3-16）。对于整个天花而言，其1720条龙纹使整个殿宇彰显出无比的神圣与威严，具有强烈的艺术效果。

△ 图3-16 北京故宫太和殿正面龙天花近照

　　太和殿宝座的上方、天花正中有"穿然高起，如伞如盖"的特殊装饰，称作"藻井"。我国古代在殿堂、楼阁最高处作天井，同时装饰以荷、菱、藕等藻类水生植物，其主要原因之一就是希望能借此降伏火魔。太和殿藻井的功能不仅如此，而且藻井呈伞盖形，由细密的斗拱承托，象征天宇的崇高。太和殿藻井由下向上共分为三层：最下层为方井，高0.5米，边长5.94米；中为八角井，高0.57米，边长1.22米；上为圆井，高0.72米，直径3.2米。从构造上讲，方井四周通常安置斗拱。方井之上施用抹角枋，正斜套方，使井口变成八角形。正、斜枋子在八角井外围形成三角形或菱形的"角蝉"。角蝉亦施斗拱或雕刻花饰，其上面盖板做龙、凤雕饰。八角井内侧角枋上雕有云龙图案的随瓣枋，形成圆井。圆井周围安装斗拱或雕饰云龙图案。圆井上覆盖板。盖板下雕以蟠龙，龙头下探，口悬宝珠。该宝珠被称为轩辕镜。它是一颗银白色大圆珠，四周环绕着六颗小珠，蕴含天地四方六合之意，轩辕镜寓意皇帝的正统性。从材料组成看，轩辕镜实质是带有汞镀层的玻璃球镜，有多面球灯的效果，重量也很轻。整个藻井制造极其精细，全部贴两色金，与地面的雕龙金漆宝座、各种精致的陈设上下呼应，与高耸的浑金蟠龙金

柱相衬托，使整个大殿显得金碧辉煌、庄严肃穆。

　　槅扇是我国古代的一种门，用于分隔室内外或室内空间。太和殿的南立面有大量槅扇，可起到采光、通风、分割殿内外的作用。太和殿槅扇的隔心有精美的三交六椀棂花纹（图3-17）。这种纹饰的特点即中间的直棂、两边斜棂交于一点，将立面分成六等份，而每个等份的边界做成菱花纹，总体来看就像六个碗，故又称之为六椀。三交六椀构造采用棂条上下扣槽，相互套接，用直棂与斜棂相交组成无数的等边三角形，每组三角形内有六瓣菱花，使三角形相交的部分成为一朵六瓣菱花状，三角形中间呈圆形。直棂与斜棂相交成60度，整个隔心图案形成菱花为实，孔洞为虚的图样效果，给人一种规整的感觉。

　　太和殿的槅扇边挺的看面四角安装铜制饰件，这种饰件被称为"面叶"。面叶的作用主要包括两个方面：其一是装饰作用，面叶表面都有冲压出来的装饰纹样，采用镀金工艺，与裙板、绦环板上的金色纹饰及隔心上的金钉组合在一起，使红底的槅扇门显得十

🔻 图3-17　北京故宫太和殿槅扇

分华丽；其二是加固作用，槅扇的边框与抹头相接处多加钉面叶，可防榫卯连接位置松散或歪斜。太和殿面叶包括双拐角叶、双人字叶。前者是用于槅扇的上、下拐角处，后者则用于槅扇中部位置的抹头与边挺相交的节点处（图3-18）。太和殿槅扇面叶上面冲压云龙花纹，称为"铅钑面叶"。太和殿槅扇面叶出现的龙纹，也可称之为云龙纹，主要为皇家专属的蛇形五爪龙，具体呈现出鳄头、鹿角、蟒身、鹰爪、鱼鳞、虾眼的样式。面叶上的龙身周围配以祥云，形成腾云驾雾的动态之感，产生华贵威严的艺术效果。

▲ 图3-18 北京故宫太和殿槅扇上的面叶

太和殿地面有金砖4817块，其表面油润如玉，锃亮似镜，坚固而又耐磨。金砖出产于当时苏州陆慕御窑村，这个地方的土源于阳澄湖底的泥，土质细腻，含丰富胶状体，可塑性强，加工制作的金砖颗粒细腻，质地致密坚硬，表面光滑如镜。金砖在选土、制坯、装窑、烧制、窨水等工序上比普通方砖严格得多，历经时间长达1年半。不仅如此，烧制后的金砖必须颜色纯青，敲之声音响亮，形状端正，毫无损伤。太和殿的金砖地面彰显出皇家宫殿建筑大气、豪华的装饰艺术氛围。

（四）建筑色彩

太和殿建筑色彩是体现其建筑艺术的重要表现形式之一。原始社会时期，古人居住的建筑形式为茅草棚屋，建筑色彩以体现自然功能、材料本色为主，少有人工堆砌的色彩装饰，其色彩多为草、木、土等建筑材料的原色，建筑装饰简单质朴。随着社会生产力水

平的提高及人们审美意识的增强，古人开始在建筑上使用红土、白土、蚌壳灰等有色涂料来装饰和防护，后来又出现石绿、朱砂、赭石等颜料。春秋时强烈的原色开始在宫殿建筑上使用，经过长期发展，在色彩协调运用方面积累了大量的经验，南北朝、隋唐时期，宫殿、寺庙、官式建筑多用白墙、红柱，并在柱枋、斗拱上绘制彩画，屋顶覆盖灰色或黑色瓦片以及一些琉璃瓦，屋脊则采用不同的颜色，与后期的"剪边"式屋顶相呼应。真正在建筑上大量使用色彩做装饰是在唐代。唐代建筑归礼部所管，建筑有了统一的规划，因此有了等级制度的划分。附在建筑上的色彩也就成了等级和身份的象征：黄色为皇室专用，皇宫和庙宇多采用黄、红色调，民舍只能用黑、灰、白等素色。宋元时期的宫殿使用白石台基、黄绿各色的琉璃瓦屋顶，中间采用鲜明的朱红色墙柱、门和窗，廊檐下运用金、青、绿等色加强了建筑物阴影中色彩装饰的冷暖对比，此做法

一直影响至明清。紫禁城作为明清帝王执政及生活的场所，其建筑色彩亦表现出一种等级性，这种等级性与建筑功能形成某种和谐，并体现出一定的建筑艺术。

紫禁城建筑严格的等级性，不仅表现在不同形式的建筑类别中，而且对于单体建筑而言，其部位不同，采取的色彩不同，突出的主题也不同，会产生不同的艺术效果。太和殿由屋顶到地面，其色彩的表现形式不同，展示出各异的色彩艺术，说明如下：

其一，瓦面。太和殿瓦面的颜色是黄色的（图3-19）。《周易·坤》里有："天玄而地黄。"由于大地是黄色的，因而用黄色来代表地。另由于土地是国家的象征，因而黄色也代表着皇帝的权力。《周易·坤》又有："君子黄中通理，正位居体，美在其中，而畅于四支，发于事业，美之至也。"意思即君子以黄色居中而兼

图 3-20 普通建筑黑色瓦顶

有四方之色，即通晓事物的道理，他身居正确的位置，有着良好的身心，有利于事业的成功，这是最美的表现。由此可知，黄色为中和之色，是最正统、最美丽的颜色，是皇权的象征。太和殿屋顶瓦顶采用黄色，寓意紫禁城的建筑为皇帝专用，是皇帝行使权力的场所。

相比而言，平民百姓的屋顶不能用黄色瓦顶，而一般用黑色。黑色的瓦顶（图 3-20），这样的瓦在古代被称为"布瓦"，而平民百姓则被称为"布衣"。

其二，屋檐和天花。屋檐主要是指额枋与斗拱，它们的颜色是青绿色的（图 3-21）。青色是蓝色和绿色之间的过渡色。绿色使人想到大自然的绿树和绿草，给人以春回大地、一片生机之感。

图 3-21 北京故宫太和殿额枋及斗拱

蓝色则使人联想到天空和海洋，寓意天地之广阔、大自然之宁静。由此可知，青绿色给人以宁静、空间阔大之感。由于屋檐往外挑出，因而在梁枋下部及斗拱部位会出现阴影。青绿色属于冷色调，其在阴影中显得空气感强，轻盈而又遥远，使得厚重的屋顶给人以轻松的感觉，而且增强了建筑的高度感和空间感。采用青绿色的彩画对上述部位进行装饰，有利于体现建筑的阴柔之美。

太和殿的天花板颜色也以青绿色为主，给人以安静、沉稳的感觉。同时，这种颜色可显示出建筑空间内部的高深与宽阔。

其三，柱架和墙体的颜色为红色（图3-22至图3-23）。红色也是太和殿的主色之一。人类认识红色很早，燧人氏钻木取火，火呈红色，太阳也是红色，红色给人以希望和满足感。考古学家在山顶洞人生活的山洞里发现用红色染的贝壳和兽牙，判断为人类最早的装饰物。这说明人类不但认识了红色，而且还把它当作表现美好的色彩了。自古以来，民间

▲ 图3-22　北京故宫太和殿立柱

▲ 图3-23　北京故宫太和殿墙体

将红色当作喜庆的颜色。明清朝廷规定，凡专送皇帝的奏章必须为红色，说明帝王对红色的喜爱。红色会使人联想起火焰、血、太阳，因此人们见到红色，会感到热血沸腾，感到有暖意。红色给人以充实、稳定、有分量的感觉。从功能上讲，墙体对建筑起到维护作用，柱子则是支持建筑屋顶的重要构件。可见，两种构件均能起到对建筑的防御、保护作用，采用红色，有利于体现阳刚之气，有护卫皇家建筑之意。

其四，台基和栏板的颜色是白色的（图3-24）。白色是高雅、纯洁与尊贵的象征。由于太和殿台基栏板和望柱有着精美的龙凤纹雕刻，因而采用洁白的汉白玉材料，有利于突出建筑本身的高贵。同时，白色的台基与黄色的屋顶、红色的柱子形成鲜明的对比，可显示出太和殿的壮丽与高雅。

▲ 图 3-24 北京故宫太和殿前台阶

其五，太和殿地面的颜色是灰黑色的（灰色是砖的本色，黑色为地面铺墁快完成时在表面泼洒的黑矾水）。从位置及功能角度上讲，太和殿地面不宜采用亮丽的色彩，因而采用低调的灰黑色。这种颜色位于各种色调中间，它无声地与各种颜色相结合，并融合于各种色调中，形成了很好的补色效果。同时，与台基栏板的白色相比，灰黑色与白色形成鲜明色差，使得同样为中间色调的白色获得了生命。松弛的黑色和周密的白色的运用，使得紫禁城的色彩更加趋于完美。

太和殿不同部位的色彩巧妙搭配，还体现出以下艺术特点：

（1）色彩协调。太和殿在殿外采用以红、黄为主的暖色，而在殿内采取以青、绿为主的冷色。冷暖色调的协调，不仅有利于突出建筑的功能，而且有利于增强建筑外部空间的立体感，以及室内的舒适感。另外，冷暖色调的协调运用，使得建筑外部在阳光照射下产生反射效果，建筑内部则产生吸收效果，建筑使用者就拥有了不同的视觉感受。这样不仅有利于突出建筑的艺术之美，而且使不同色彩相和谐。

（2）色彩互补。色彩互补的主要作用在于突出太和殿建筑的整体形象，突出建筑的功能，同时能够使人达到视觉平衡。紫禁城古建筑群在一些部位巧妙地使用了色彩互补方法。如太和殿槅扇和槛窗采用了金色的面叶纹饰。金色是一种略深的黄色，是表面极光滑并具有金属质感的黄色物体所呈现出的颜色。金色象征着高贵、光荣、华贵和辉煌。金色的施用，有利于实现红色与黄色的协调与过渡，不仅使得整个建筑产生流光溢彩的效果，而且彰显了建筑的华贵与壮丽。

（3）色彩比例。不同的颜色在太和殿中的比例不同。其中，我们可以看到，太和殿整体色彩以黄、红两色为主，这体现了紫禁城建筑整体的形象，也象征着皇权。红、黄两种颜色在太和殿大规模应用，使太和殿形成了华丽、庄严与雄壮之美。

（五）建筑陈设

太和殿的建筑陈设包括殿外和殿内两部分，是太和殿的建筑艺术品。太和殿三台南栏板前及御路、踏跺两侧有鼎炉18座，它们是国家政权的象征，在举行重要礼仪活动焚香时会产生云雾缭绕、与上天合一的意境效果。太和殿殿前左侧有日晷，是利用日影计时的仪器，也是帝王统治天下的象征；殿前右侧有嘉量，其初始功能为测量容积，但在这里象征着国家的法度和权力，寓意帝王以明德临天下，以法度御天下；太和殿殿前两侧对称设鹤（图3-25）、霸下（与乌龟的区别在于霸下有牙齿，乌龟没有牙齿）各一。鹤自古以来是长寿的象征，霸下则是长寿和吉祥的象征，二者均寓意帝王江山长久稳固。

太和殿内有甪端一

▲ 图 3-25　北京故宫太和殿前鹤

▲ 图 3-26　北京故宫太和殿甪端照片资料

对（图 3-26）、宝象一对。甪端为古人想象中的神兽，其日行一万八千里，通晓四方语言。有甪端护卫在侧，显示皇帝为有道明君，身在宝座而晓天下之事，能做到四海来朝，八方归顺，护佑天下太平。而宝象有护卫君主功能，亦象征太平盛世。上述各种陈设，均为建筑造型与建筑功能的完美结合，渲染出太和殿的庄严崇高，是太和殿建筑艺术的重要体现。

（六）小结

作为紫禁城中最重要的建筑，太和殿的建筑布局体现了皇权至上、负阴抱阳等建筑思想；建筑立面符合"百尺为形""天圆地方"的造型要求，具有优美华贵的艺术效果；建筑屋顶建有正吻脊兽，点缀建筑整体之美；殿内宝座、蟠龙金柱、藻井、槅扇与金砖地面，彰显出华贵的装饰艺术特色；有序的色彩分布及大规模的黄色、红色运用，体现出皇权及护卫皇权的艺术效果；而建筑室内外的陈设，则是太和殿建筑艺术的重要表现，渲染出太和殿庄严的艺术氛围。由上可知，紫禁城古建筑的艺术价值极高。

三 构造艺术

我国古建筑的建筑艺术，不仅表现在建筑的整体上，建筑构造亦能体现精美艺术。底部浮放的立柱、榫卯连接及斗拱构造均为我国古建筑的特色，这些构造除了具有非常好的抗震性能外，其建筑艺术亦有典型代表性，本节内容对此进行具体说明。

（一）立柱

我国古建筑木柱体现了建筑与自然的和谐之美，具体表现在两个方面：

（1）稳固之美。古建筑中一般采用木柱，在靠近地面一端采用石质的基座（称为柱顶石），基座横断面积较大，在外观上给人以沉稳的感觉，显然它在力学上起到了减小压力的作用。值得注意的是柱身，柱高与柱横断面的比例，在唐宋时期一般是 9∶1 或 8∶1；明清时期一般为 10∶1。这样的长细比，给人十分雄浑的感觉，尤其是在宫殿建筑上可以充分表达出建筑庄严、威武的个性。从建筑力学的观点来看，这样一个长细比，对于木质压杆几乎可以不考虑"失稳"因素，从而达到较合理地利用材料特性的目的。值得注意的是，古时候人们并无方法事先根据稳定理论来校核木柱，人们完全是根据材料的实际状态和审美需求来建造房屋的，他们通过大量的实践和天赋，使力学和美学达到了统一。另古建筑柱身的外轮廓线是一条曲线，这叫"卷杀"，在我国木结构建筑法规《营造法式》中对卷杀的做法有明确的加工规定，卷杀的加工造成了柱两端比中间稍细的效果，使柱显得更加美观。显然这与两端支座为铰链的压杆的力学特性又是一种巧妙的结合。此外，古建筑木柱还

有侧脚做法，即周圈檐柱柱头微向建筑内侧倾斜，使建筑产生沉稳的美。从整个建筑物的几何稳定性分析，这种侧脚的力学作用也十分明显，垂直于地面的柱相互之间是平行关系，在水平额枋连接后组成的是一个几何可变体系（属于平行连杆瞬间失稳结构）。但是由于柱的侧脚作用，使得各柱不再平而形成虚铰（即虚交点，属于三角形稳定结构），从而有利于整个建筑物的几何稳定。

（2）以柔克刚之美。紫禁城古建筑的柱底并非插入柱顶石里面，而是浮放在柱顶石上面。这种连接方式是有科学依据的，也是古代工匠智慧的结晶，其主要作用是隔离地震。我们知道，地震的作用力是很大的。若柱根插入柱顶石内，则很容易因地震作用而折断；且插入柱顶石内，柱根很容易因为空气不流通而产生糟朽。柱根平摆浮放在柱顶石上，不仅可避免糟朽问题，而且在发生地震时，其反复在柱顶石表面滑动，不仅隔离了地震，而且地震结束后，可基本恢复到初始状态，而不产生任何破坏，具有"四两拨千斤"的效果。

（二）榫卯

我国古建筑榫卯节点形式非常丰富，以紫禁城古建筑为例，对于水平与竖向的构件连接而言，除了有燕尾榫之外，还有以下类型：

（1）馒头榫：用于柱头与梁头垂直相交，避免柱水平向错动。其做法为在柱顶做出凸出的馒头状榫头，在梁头底部对应位置刻出相应尺寸的卯口（称为海眼）（图3-27）。

（2）箍头榫：用于建筑转角部位的柱与枋（梁）相交，其特点为水平向的两根枋正交，而后同时插入柱顶的十字形卯口内。为保证搭接牢固，通常是两根枋本身互为榫卯，互相卡扣；然后再与柱顶十字形卯

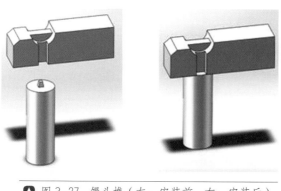

▲ 图3-27 馒头榫（左：安装前 右：安装后）

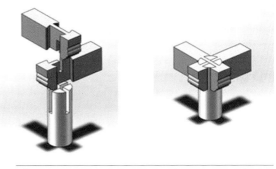

口做成榫卯卡扣形式。为美观起见，枋的端部做成优美曲线形式，称为"霸王拳"。箍头榫安装示意如图 3-28 所示。使用箍头榫，对于边柱或者角柱而言，既有很强的拉接力，又有箍锁保护柱头的作用。而且，箍头本身还是很好的装饰构件。因此，箍头榫在紫禁城古建筑大木榫卯节点体系中，不论从哪个角度来看，都是非常优秀的，箍头榫的运用充分体现了古代工匠的智慧。

▲ 图 3-28　箍头榫（左：安装前　右：安装后）

（3）透榫：用于需要拉结，但又无法用上起下落的方法进行安装的部位，其榫头一般做成大进小出的样式。所谓大进小出，即榫头的穿入部分，高度同枋高，而穿出部分的高度，则按穿入部分减半。这种榫头形式，既美观，又能减小榫头对柱子的伤害面。透榫的安装方式见图 3-29 所示。

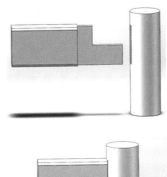

（4）半榫：用于建筑物中部的柱子，这种柱子将梁架分为前后两段。由于两边的梁架都必须与柱子相交，因而其榫头做成了半榫形式。这种榫卯节点的拉结作用是很差的，很容易出现拔榫现象，使得结构松散。为解决这个问题，古人在梁下面安装替木，替木穿过柱截面，顶部做出两个销子与梁底拉结，以增加梁和柱的接触面，提高榫卯节点的拉结力。半榫的安装方式见图 3-30。

▲ 图 3-29　透榫（上：安装前　下：安装后）

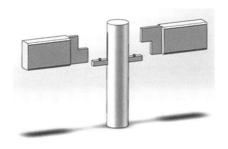

▲ 图 3-30　半榫（左：安装前　右：安装后）

榫卯节点富于艺术之美。紫禁城古建筑中使用的榫卯结构形态各异，根据不同结构对受力部位及荷载能力的不同要求，榫卯制造技艺有着很大差别。如避免垂直方向的柱子产生位移的管脚榫、套顶榫等；将垂直的柱与水平的梁连接的直榫、燕尾榫等；将水平构件间彼此连接的十字卡腰榫等。紫禁城古建筑的榫卯不仅能保持木结构的美感，更重要的是其具有良好的力学性能，保证了建筑整体的功能完整性，体现了营造技艺之美。

榫卯连接体现了东方的文化艺术。榫卯代表的是一种文化，更是一种精神。古代匠人利用这一独特的技艺创造了众多令人叹为观止的成就，一凹一凸间散发的是智慧与理性之光。随着科技的发展，新型材料不断产生并被广泛应用于家具和建筑上，但木材在其中扮演的角色始终不可取代。作为榫卯技艺的载体，木材也为榫卯的不断延续与发展提供了可能，因此，榫卯在未来社会不会被淘汰。榫卯结构成就了古建筑之老，也成就了古建筑之美，其将文人独特的审美与匠人高超的技艺相融合，在中国美学思想中代表了一种崇高的境界。复杂的结构被简约的外形包裹，中国的古建筑通过榫卯的连接，表现出一种淳朴和平淡，可谓古老中见灿烂，平定中显真知。榫卯穿插的复杂构造还体现了独特的东方造物理念。榫卯技艺是我国传统造物特有的一项技术，却巧合般地与西方结构主义的创作理念相吻合，且完美地实现了这套理论。数千年来，榫卯具有美学的意义，其更注重的是一种技术形式。作为木构件间独特的连接件，榫卯或蛰伏于屋檐之下，或隐匿于梁枋之中，长久以来体现着非凡的使用价值和艺术价值。

榫卯连接还体现"和谐"之美。"和"代表着化异为同，化矛盾为统一。榫与卯无论是材质上的统一还是结构上的契合，都与"和"的理念相符。用另一视角分析，分开的榫和卯像极了中国古代自然观中的阴与阳，两者既对立又统一，阴阳理念也恰恰是中国所有艺术创作理论的基石。20 世纪 80 年代末期，著名雕塑家傅中望先生受到一名学者的启发，以中国古建筑的结构为灵感，提炼出了"榫卯"系列作品。"榫卯"系列作品介于雕塑与装置艺术之间，完成了传统雕塑到现代艺术的转型，为构建当代艺术的中国特色思想体系开了先河。傅中望曾在接受采访时道破了自己选择榫卯作为符号诠释的原因："榫卯是节点的艺术，有节点就必然产生关系，如自然关系、社会关系、国家关系等，都在一种矛盾、对立、无序、游离、不确定的状态中生存。"上述对立统一，实际上是一种和谐的存在。因此，榫卯的结合与分离、楔入与穿插，在古建筑艺术中被赋予了更深层次的意义，这些意义不仅存在于艺术观赏的层面，还存在于哲学与社会的层面，带有中国文化中"和谐"的内涵。

（三）斗拱

斗拱是我国古建筑特有的组成部分，是位于柱顶之上、屋檐之下的由斗形、弓形的木构件在纵横方向搭扣连接，而后在竖向又层层叠加起来的组合木构件，其外形犹如撑开的伞状（图3-31）。我国古建筑学家梁思成先生曾经说过："斗拱在中国建筑上的地位，犹柱饰之于希腊罗马建筑；斗拱之变化，谓为中国建筑之变化，亦未尝不可，犹柱饰之影响欧洲建筑，至为重大。"我国古建筑斗拱的设计主要是为了满足高大宫殿屋顶出檐深远的要求。早期的宫殿建筑中，往往采用斜撑的木柱来支撑宽大的屋檐，斜撑分别设于屋檐的前后方。而为了避免落地的斜撑受雨水侵蚀，其下支点便离开了地面，这类称为短斜撑，并随着审美需求的提高，短斜撑的木柱逐渐被弯曲的木料替代，形成了今天斗拱的横向重要构件——翘。同时，为了增强柱顶部位支撑屋檐的强度，柱顶之上又增加了斗形木块，木块上方沿着屋檐方向叠加长方形的垫木，这些长方形的垫木因审美需要逐渐变成弓形，形成了今天斗拱纵向的重要构件——拱。斗拱的主要构件名称见图3-31。紫禁城古建筑的斗拱类型很丰富，如位于两根立柱之间的斗拱称为平身科斗拱，位于柱顶之上的斗拱为柱头科斗拱，位于建筑四个转角部位的斗拱为角科斗拱等。斗拱的初始功能是支撑屋檐，并把屋顶的重量往下传递给柱子。其历史发展过程，在构造方面是由简单到复杂，在功能方面是由纯粹

的支撑到集建筑力学、美学于一体。

古建筑的斗拱体现了造型之美。斗拱在屋檐之下，整体排列有序，表现出富有节奏和韵律的变化。不同类型的斗拱在同一高度范围排列规则、有序，由下至上尺寸统一，各斗拱出踩尺寸相同，斗拱外形的曲线整齐划一、弧度优美，给人以极强的艺术感和节奏感。斗拱的造型之美还体现在均匀的对称性上，即斗拱的各个构件高度、宽度基本相同，仅在长度及外形上根据整体需要而有差别：一方面斗拱的正立面，其左右两侧的构件种类和数量对称布置；另一方面，斗拱的侧立面，以正心枋为中心，斗拱向内外出挑的踩数相同。上述均匀、对称的布置形式给人以舒适、愉悦的感觉。不仅如此，斗拱在造型上还有统一协调之美。紫禁城古建筑斗拱的统一性，表现为各构件截面形状统一，均为方形或者矩形；侧立面外形统一，均犹如倒立的三角形；斗拱位置统一，均位于柱顶之上、屋檐之下。

这种统一性在视觉上给人以抽象的整体之美。斗拱的协调性表现为斗拱整体与上部倾斜的屋檐、下部垂直的柱子形成完美过渡，既能反映屋架简洁明朗的特征，又可体现斗拱自身优美的造型（图3-32）。

我国古建筑斗拱体现了色彩之美。我们知道，大自然中的色彩有红、黄、蓝、绿、青、白、灰等，其中，红色、黄色为暖色调，象征太阳、火焰，给人以热烈、奔放、温暖的感觉。绿色、蓝色、青色为冷色调，象征着森林、

▼ 图3-31　斗拱的主要构件名称

拱
翘
坐斗

大海、蓝天，给人以安静、稳重、踏实的感觉。上述色彩在古建筑中得到了充分而又合理的运用。暖色调普遍被运用到古建筑明显的位置，如黄色的瓦顶、红色的立柱，以体现紫禁城的雄伟、壮观之美。青色与绿色则被广泛地运用到斗拱位置，这是符合人类审美特征的。运用青绿色的彩画进行装饰，有利于体现建筑的阴柔之美。此外，在具有暖色调的红色柱顶与黄色屋顶之间建造具有冷色调的青绿色斗拱，有利于建筑单体色彩的过渡和协调，丰富了紫禁城古建筑的视觉效果，给人以丰富、和谐的美感。

▲ 图 3-32 斗拱与立柱、屋檐的关系

第四章
灿烂文化

我国的古建筑有着悠久的历史和灿烂的文化。文化反映精神文明和社会道德，而古建筑文化反映的是我国古人优秀的建造理念，如"天人合一"的和谐思想以及国泰民安的美好愿望。紫禁城古建筑是我国优秀传统建筑文化的代表，本章以紫禁城古建筑为例，从选址、屋顶宝匣、烫样、神兽造型、室外陈设等方面讨论我国古建筑文化。

（一）选址

选址是中国历代王朝建立都城的首要工作。所谓选址，就是勘察地形，结合周围的自然环境，选择适宜建造都城的场地。位于北京市中心的紫禁城，其选址及布局是我国古建筑的代表。现存的部分紫禁城建筑设计图档可反映紫禁城建筑布局的合理及造型的雄伟。那么，在南京称帝的朱棣为什么要选址北京来肇建紫禁城呢？以下给出相关分析。

其一，地理环境的优越性。北京的地势是西北高、东南低。西部是太行山余脉的西山，北部是燕山山脉的军都山，两山在南口关沟相交，形成一个向东南展开的半圆形大山湾，东南部则是缓缓向渤海倾斜的大平原。又有桑干河、洋河等在此汇合成永定河。综观北京地形，依山邻海，地势雄伟。元人陶宗仪在《南村辍耕录》中对北京有这样的描述："右拥太行，左注沧海，抚中原，正南面，枕居庸，奠朔方。"可说明北京所处地理位置的重要性。此外，交通便利、气候适宜、地形适中，亦是明紫禁城选址北京的重要地理因素。

其二，古天象的合理性。古人认为天为圆形，所有的星宿围绕着一个固定的中心转动，这个中心即为北极星所在位置，是天帝的居所，亦是天体的中心。另大地的中心以天体运行为参照，以天体中心所在的方位来定大地的中心。《管窥辑要》里面有："北高南下，天体上下侧旋，故以东北为中。"也就是说，大地的中心在东北方。《周礼·春官》把北京城划分为星象分野的东北方，即北

京城就是大地的中心。明朝陈政的诗《正疏癸亥管建纪成诗》里面有："帝业垂天极，人心仰建中。"其中"垂天极""仰建中"即紫禁城与天极（天轴）相对应，是人心向往的地方。北京是古天象对应的大地中心，因而符合朱棣对紫禁城的选址要求。

其三，元故宫遗址奠定基础。紫禁城虽然建造于明代，但其选址应追溯至元代。其原因在于紫禁城是在元故宫遗址上建成的。元朝已认为北京是定都的优选之地。忽必烈在即位前就听取木华黎的孙子霸突鲁的意见："幽燕之地，龙蟠虎踞，形势雄伟，南控江淮，北连朔漠。且天子必居中以受四方朝觐。大王果欲经营天下，驻跸之所，非燕不可。"（选自《元史·木华黎传》）1267年正月，刘秉忠奉元世祖忽必烈之命规划和建设元大都，历时九年，完成元大都（含皇城，即元故宫）建造。意大利人马可·波罗于至元十二年（1275年）旅游至元大都时，描述元大都的场景为"全城地面规划有如棋盘，其美善之极，未可宣言"。元故宫同样建设得非常豪华。明灭元后，一个叫萧洵的小官，负责参与拆除元故宫。他在《故宫遗录》里将元故宫描述为："凡门阙楼台殿宇之美丽深邃，阑槛琐窗屏障之流辉，园圃奇花异卉峰石之罗列……"朱棣下令建造的紫禁城，实际是在拆除的元故宫的基础上建造的。为了灭元朝的"王气"，明紫禁城的布局稍微做了变动。如在元代宫殿延春阁的废墟上，用挖紫禁城护城河的泥土填了一座山，称为"万岁山"，亦可认为是镇压前朝的山，所以又称"镇山"，清代称为"景山"。另将太和殿建造于元故宫宫城南门崇天门上，将午门建造于元故宫宫城棂星门上，将乾清宫、交泰殿、坤宁宫等三宫殿压在元大明殿上。此外，明紫禁城将宫殿中轴东移，使元大都宫殿原中轴落西，处于风水上的"白虎"位置，为克煞前朝残余王气。明紫禁城建造时，凿掉了元故宫内原中轴线上的御道盘龙石，废掉了周桥。尽管明紫禁城建造时对元故宫进行了大规模的焚毁，但处处可见元故宫的影子。可以认为，元故宫为明紫禁城的选址奠定了较为坚实的基础。

其四，传统观念的影响。在中国人的传统意识中，皇帝兴建都城、王宫，其选址应满足"王者必居天下之中"的思想。"中"即核心之意，皇城"居中"，方可有利于统治天下，因而"中"是立国之本。《周礼·大司徒》提出王城要建在"地中"的思想。《吕氏春秋》有："古之王者，择天下之中而立国，择国之中立宫，择宫之中立庙。"这句话可反映"中"在都城选址中的重要地位。"中"还有"核心"的意思，皇帝的位置居"中"，方可体现其核心地位，方可使万众归心。明代邓林《皇都大一统颂》里面又有："环拱众星，维北有京，包举八瀛。"再者，"中"源于人们的传统观念或生活习俗，即有合理、肯定之意，如"中必正"。由此可知，紫禁城选址在北京城的中心，与"中"所蕴含的传统观念密切相关。

其五，中国传统建筑风水思想的影响。建筑风水思想在中国流传了几千年，建造房屋的人要根据风水理论对房屋的选址、朝向、布局、尺寸等进行设计，以满足住者的某种心理需求。紫禁城建筑的选址无疑渗透着传统建筑风水的思想，如"负阴抱阳""背山面水"等。

其六，朱棣本人的主观因素。朱棣对北京有很深的感情。明洪武三十一年（1398年）闰五月，朱元璋去世，朱允炆即位，并逐步削弱燕王朱棣的势力。朱棣借"靖难"之名，攻打南京，历时四年，夺取了皇位。为了巩固地位，朱棣打下南京城后，对建文帝的大臣进行残酷的屠杀，虽然震慑了建文帝朝人，但是也失去了南方民众的拥戴。且他攻打南京时，建文帝失踪，生死不明，这令他不安。另朱棣常年在北京生活，对于长期居住南京不适应，这使他产生迁都的想法。此外，元被灭后，其残余势力退居漠北，占据东至呼伦贝尔草原、西至天山、南临长城的广大地域，并屡谋复兴，意图重主中原，这对朱棣政权亦构成威胁。迁都北京，对朱棣而言，利大于弊。于是，朱棣在北京仿照南京紫禁城的规制，建造了北京紫禁城。其《北京宫殿告成诏》一文有："眷兹北京，实为都会……惟天意之所属，实卜、筮之攸同。仿古制，循舆情，立两京，置郊社宗庙，创建宫室。"说明了在北京肇建紫禁城的重要意义。永乐

十九年（1421 年）正月初一，朱棣正式迁都北京，并将紫禁城作为其权力中心，南京作为陪都。

由此可知，明紫禁城选址于北京，是地理环境因素、政治和军事因素、风水文化因素、朱棣本身的主观因素等多方面形成的结果。此后，朝代更迭，先后有二十几位皇帝把紫禁城当作其政治权力中心，前后近 500 年，可反映紫禁城选址为皇城中心的合理性，并彰显出其在各朝代皇帝心目中的厚重地位。

（二）布局

选址后，建筑营建的最重要工作就是布局。紫禁城古建筑的布局背后有着诸多的智慧和思想。紫禁城古建筑平面布局的总特点是"背山面水""负阴抱阳""取正向心"，它们都是我国古建筑文化的重要内容。

紫禁城具有"背山面水"的布局智慧。城北为景山（图 4-1），

▶ 图 4-1　北京景山

城南为内金水河（图4-2）。北京城内本没有山，永乐年间营建紫禁城时，开修护城河挖掘出100多万方泥土，拆毁元朝宫殿的大堆渣土也无法处理，于是废物利用，把这些泥土堆积成山，在其上广植树木，就形成了紫禁城北面的镇山。镇山在明代被称为"煤山"，清代改名为"景山"，并一直沿用至今。景山是北京城内的制高点，呈东西走向，南北方向狭窄，很像一座屏风。与此同时，修建紫禁城时，从西北角楼下挖涵洞，把护城河水引入城内，这就是专门挖出的内金水河。内金水河经城隍庙蜿蜒而南，一路弯弯曲曲，过武英殿转而向东，过太和门、文渊阁，从东南角楼下流出紫禁城。内金水河不但为紫禁城内的人们提供了排水通道，还和景山相呼应，形成了有山有水、山水协调的审美意趣。内金水河的河面低于紫禁城的地面，紫禁城的主体部分就建在景山和金水河间的向阳台地上。景山和金水河在审美意义上做到了天地自然的和谐一致。

▲ 图4-2　北京故宫太和门前内金水河

　　紫禁城具有"负阴抱阳"的布局智慧，即紫禁城内所有重要宫殿面南而立（图4-3）。老子《道德经》第四十二章有："万物负阴而抱阳，冲气以为和。"意思就是世间万物都背阴而向阳，阴阳二气相互作用而形成新的和谐体。紫禁城重要宫殿建筑坐北朝南，且在南面开设大量门窗，在北面则开设较少门窗。这种布局形式有着地理学上的科学意义：我国的黄河流域处于北半球暖温带季风气候最为显著的地区，冬季在亚洲大陆西北内部形成高气压，有长达数月的偏北寒风；夏季高气压中心转向东南太平洋，来自南方致雨的季风，使得温度上升、暑气逼人。在这种地理条件下，建筑朝正南方向最为适宜，北侧封闭以利于御寒，而南侧开设窗户则利于阳光照射和夏季通风。《易经·说卦》有："圣人南面而听天下，向明而治。"意思就是古圣先王坐北朝南而听治天下，面向阳光而治理天下。

◀ 图 4-3　北京故宫太和殿南立面

"取正向心"的布局智慧。"取正"即建筑布局以南北向为主要轴向，主座朝南，左右对称。这主要源于我国所处的地理位置、自然环境的特点以及古代工匠施工经验的总结。"向心"即所有的次要建筑朝向主要建筑。紫禁城所有的古建筑以四合院形式为主，其主房朝向均为坐北朝南，厢房朝向均为东西向，面向主房而立（图 4-4）。这种向心的建筑风格，不仅使得房屋的间距较小，有利于实现交通的便利性，而且能反映中国古代文化中"中为至尊""尚中尚大"的思想。同时，这种朝向布置体现了紫禁城古建筑在方位上的统一性及协调性，毫无杂乱之感。

▼ 图 4-4　北京故宫文华殿四合院式布局

▲ 图 4-5 北京故宫三大殿侧立面

1- 钟粹宫；2- 承乾宫；3- 景仁宫
4- 景阳宫；5- 永和宫；6- 延禧宫

紫禁城建筑分区的布局智慧。从建筑功能分区角度讲，紫禁城的布局包括前朝区和内廷区。前朝建筑位于紫禁城的南部，主要包括太和殿、中和殿、保和殿（图4-5），是皇帝举行重要仪式的场所。内廷建筑主要位于紫禁城的北部，主要包括乾清宫、交泰殿、坤宁宫（俗称后三宫）及东西六宫（东六宫即承乾宫、延禧宫、景仁宫、景阳宫、钟粹宫、永和宫，如图4-6；西六宫即咸福宫、储秀宫、翊坤宫、长春宫、太极殿、永寿宫），是皇帝和后妃们生活的场所。以三大殿及东西六宫为例来说明紫禁城布局的智慧。前朝三大殿占地面积大，在紫禁城内自成一个庞大的格局。这三座建筑矗立在三层台基之上，台基高8.13米，形式为须弥座。须弥座实际上就是佛像的基座。"须弥"是印度佛教用语，寓意"宇宙的中心"。须弥座用于建筑的基础，意为建筑稳固、长久。三大殿

▼ 图4-6　北京故宫东六宫区域

均采用三层台基，可突出建筑的雄伟、高大，与紫禁城内其他建筑形成显而易见的对比，突出其非同一般的地位。不仅如此，三大殿建筑富丽中见典雅，精美中见端庄，凸显出天子的威严。三大殿不但是紫禁城的中心，而且也是北京城的中心，其中轴线南迄永定门，北至钟楼，是一条笔直的中线。在这条轴线的两旁，依次对称而又有序地排列着功能较为次要的建筑。太和殿前还有面积达三万平方米的广场，这种布局方式，有利于在举行重要典礼时展示出盛大的场面。东西六宫对称布置，纵向排开。这些建筑以东西二长街及各宫前巷道纵横分隔，构成了条条街巷、座座门墙相通又相隔的布局，形成许多极规整而又严谨的封闭空间。在各自的空间内，即各宫独立的院落内，又有着同样的布局与基本相同的建筑形式。每座宫殿平面呈正方形，周以每边长 50 米的高墙，设计为两进院的三合院形式，前殿后寝，均有配殿，严格对称。东西六宫各个院落布局含蓄紧凑，不仅保障了后妃们生活的隐私，而且规划合理，"庭院深深深几许"可反映东西六宫在紫禁城内的位置特点。整体上看，前朝建筑为阳，阳呈现雄壮挺拔之势；内廷建筑为阴，阴呈现收敛纳藏之态。东西六宫与三大殿符合刚和柔、阳和阴的和谐统一的智慧思想。

此外，紫禁城的建筑平面布局中，前朝呈凸字形，内廷呈凹字形（图4-7）。凸凹的结合，恰好犹如一个榫卯。这种榫卯连接的布局形式，不仅彰显出紫禁城古建筑的榫卯巧妙搭扣的理念，更体现了我国古代建筑文化中的"阴阳合一"理念和古代建筑营造者的智慧。

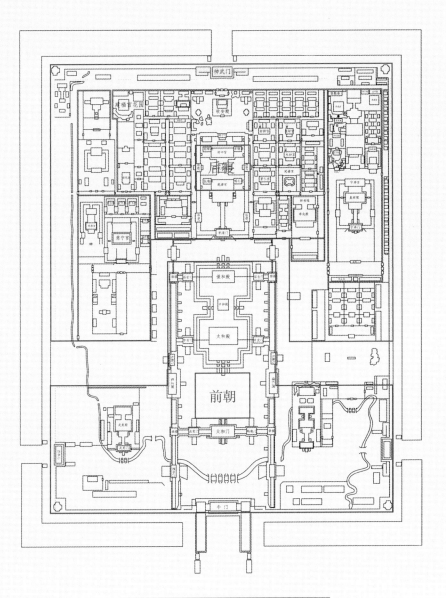

▲ 图 4-7 北京故宫平面榫卯布局形式

二 宝匣文化

　　紫禁城古建筑无论是建造还是修缮，都富有神秘的文化色彩，其主要表现之一，即在屋顶正中安放镇物——宝匣。在龙口放置宝匣，这个过程称为合龙。龙是中国神话传说中的神异动物，为百鳞之长，常用来象征祥瑞，亦是帝王的象征。紫禁城是帝王议政及生活的场所，其建筑屋顶安放宝匣，并举行合龙仪式，充分体现了皇家建筑的重要性及帝王对宫殿建筑保持稳固长久的祈盼，同时也反映了古人祈求吉祥喜庆、国泰年丰的心理，这种心理通过建筑物予以表达。

（一）紫禁城内有宝匣的建筑

　　在历年的古建筑维修的过程中，已逐步发现紫禁城内各建筑屋顶的宝匣。这些建筑主要包括太和殿、保和殿、武英殿东配殿、储秀宫后西配殿、储秀宫、储秀宫东配殿、丽景轩、翊坤宫东配殿、天穹宝殿（初名"玄穹宝殿"）、奉先殿、奉先殿后殿、西华门、永寿宫前殿、永寿宫后殿、太和门、协和门、慈宁门、慈宁宫、寿康宫、昭德门、大高玄殿、宝华殿、漱芳斋、养性门、体和殿、承乾宫、承乾宫后殿、毓庆宫、颐和轩、景祺阁、翊坤宫、平康室、坤宁宫西暖殿、坤宁宫东暖殿、贞度门等。图4-8即紫禁城部分古建筑屋顶上的宝匣。

　　宝匣有等级之分，尺寸不一，质地各异。从已发现的宝匣看，其质地大致有铜、锡、木三种。宝匣呈扁方形。铜宝匣制作较为精美，表面镀金，有的还刻龙凤双喜图案。锡质宝匣，有的表面彩绘龙纹，有的则无装饰。宝匣的尺寸大小不一，目前测定的宝匣尺寸

（a）慈宁宫　　　　　　　　　（b）宝华殿

（c）慈宁门　　　　　　　　　（d）大高玄殿

（e）毓庆宫　　　　　　　　　（f）太和门

🔺 图 4-8　北京故宫部分建筑屋顶的宝匣

（长 × 宽 × 高，单位：厘米）有：太和殿宝匣 28.5×24.5×7，
太和门宝匣 42.2×18.6×5.8，昭德门宝匣 30×25×8，贞度门
28.4×21.4×5.9，平康室 42.1×28.8×5.5 等。

（二）宝匣内的镇物

镇物，又有"禳镇物""辟邪物""厌胜物"等名称，它源起于人类社会发展的低级阶段，并随着人类生存空间的拓展、创造手段的丰富及生命意识的增强，其内涵与形式越来越曲奇庞杂。在古代，有形的镇物表达的是无形的观念，在心理上帮助古人面对各种实际的灾害、危险、凶殃、祸患以及虚妄的神怪鬼祟，以克服各种莫名的困惑与恐惧。清张尔岐《蒿庵闲话》卷二中有"其梁上有金钱百二十文，盖镇物也"，表现了用铜钱来作驱恶避邪器物的行为。

紫禁城古建筑的宝匣内都有镇物。清档案《内务府来文：陵寝事务》第 2945 包内有关于万年吉地隆恩殿宝匣内实物的记载，即五金：金、银、铜、铁、锡各一锭；五石：五色宝石各一块；五色缎丁：蓝、绿、红、黄、白五色缎各一尺；五色线：蓝、绿、红、黄、白五色线各一两；五香：芸香、绛香、檀香、合香、沉香各三钱；五药：鹤虱、生地、木香、防风、党参各三钱；宝经：五页；五谷：高粱、粳米、白豇豆、麦子、红谷子各一撮。

另据《太和殿记事》记载，清康熙三十四年（1695 年）重建太和殿，宝匣内放五金：金、银、铜、铁、锡各一锭；金钱：八个，每个重一两七钱；五色宝石：红宝石、蓝宝石、翠、碧玺、玉石，各一块；经书：五卷（系忏咒）；五色缎：五块；五色线：五缕；五香：红绛香、黄芸香、紫沉香、黑乳香、白檀香各三钱；五药：生地黄、木香、河子、人参、茯苓各三钱；五谷：高粱、黄米、粳米、麦、黄豆。

紫禁城古建筑屋顶宝匣内发现的部分镇物照片见图 4-9。

（三）龙口与合龙

龙口位置一般位于屋顶正脊中部，见图 4-10。古人用龙来形容建筑屋顶正脊，而合龙则表示龙口含镇物，可保佑建筑消灾避难，长久稳固。此外，紫禁城内无论建筑级别高低，正脊龙口位置均会放置宝匣，工匠中亦有"瓦匠不合空龙口"的说法。

（a）5种宝石

（b）5种丝线、绸缎

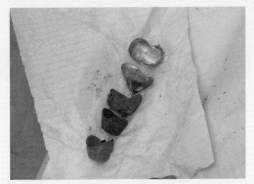

（c）5种元宝

（d）24枚金币

（e）经书

（f）中药

▲ 图4-9 北京故宫古建筑屋顶宝匣内主要镇物

龙口位置

古建筑维修时，将龙口中宝匣取出，该过程称为"请龙口"。维修工程结束前，还需将宝匣归安龙口，该过程称为"合龙"。讲究的工程在合龙时敲锣打鼓，举行祭祀仪式，选童男（实为未婚的瓦作男性工人）将宝匣放回龙口，并砌上扣脊瓦。

太和殿宝匣在 20 世纪 50 年代的一次修缮中被取下，一直存放在库房中。2007 年 9 月 5 日上午，故宫博物院在太和殿大修结束前，举行了隆重的宝匣"迎龙口"（合龙）仪式。此次回放的太和殿宝匣为铜质抽屉式，表面鎏金，刻有龙纹，并带有封装镇物用的销子。太和殿宝匣内的镇物包括金锞和五经、五色缎、五色线、五香、五药、五谷等物的残存部分。"迎龙口"仪式上，时任院长郑欣淼先生宣读了记载太和殿修缮经过的《太和殿修缮工程纪事》（以下简称"《纪事》"）。随后，该《纪事》与其他镇物由工作人员分别装入黄色锦囊袋中，并一同放入宝匣中。封装好的宝匣，由太和殿施工负责人郑重地交给预先选定的工人，再由工人登梯至屋顶龙口位置。期间由多名人员陪同前后，称之"护盒"。太和殿宝匣回放入龙口后，工人将预先备好的扣脊瓦和泥砌好，即完成了合龙仪式（图 4-11）。

（四）小结

紫禁城古建筑屋顶埋设的宝匣属于古代的一种镇物，用于辟邪，体现了古代帝王对建筑平安长久的期盼。对当今社会而言，宝匣则属于一种建筑文化。故宫太和殿宝匣的合龙仪式反映了故宫古建筑维修的理念，即不仅要保护古建筑本体，还要着力保护古建筑蕴含的传统文化观念。

（a）太和殿宝匣

（b）部分放回太和殿宝匣的镇物

（c）宝匣封装

（d）郑欣淼先生宣读《太和殿修缮工程纪事》

（e）宝匣入龙口

（f）合龙后屋顶

◀ 图4-11　太和殿宝匣合龙照片

三 烫样文化

　　紫禁城古建筑以雄伟的外观、优美的造型、绚丽的色彩、精湛的工艺、有序的构架等特点闻名于世，体现了我国古代工匠的高超技艺及聪明智慧。我们知道，紫禁城是皇帝执政和生活的场所，紫禁城古建筑的建造，是要经过皇帝事先批准的。可是有谁知道，皇帝批准建造一座宫殿之前，需要审核它们的实物模型。这种实物模型，就是烫样。

（一）烫样概述

　　烫样，也称"烫胎合牌样""合牌样"，就是指古建筑的立体模型。这种模型一般用纸张、秫秸、油蜡、木头等材料加工而成。纸张一般选用元书纸、麻呈文纸、高丽纸、东昌纸。木头一般选用红松及白松。制作烫样的工具包括簇刀、剪刀、毛笔、蜡板、水胶、烙铁等。其中，水胶主要用于黏合不同材料，烙铁主要用于将材料熨烫成型。

　　紫禁城古建筑烫样最开始由皇家指定的民间工匠制作。在清代，出现了专门制作烫样的御用皇家机构，即样式房。该机构功能犹如现在的建筑设计院，主要负责皇家建筑的设计与施工。而在设计的初期阶段，则需制作出建筑烫样，供皇帝参考。烫样可用于建筑群模型，也可用于建筑单体模型，还可用于建筑局部模型。烫样一般要对古建筑原型缩小一定的比例，但这个比例一般不精确。常有的比例有5分样（1：200），寸样（1：100），2寸样（1：50），4寸样（1：25），5寸样（1：20）等。

那么，为什么紫禁城古建筑需要制作烫样呢？

紫禁城古建筑的烫样，实际上和现在的立体模型差不多，主要是给皇帝展示拟建造建筑的三维效果，类似于今天的建筑实体模型。由于一般建筑平面图无法使皇帝获得建筑造型、内外空间、构造做法等的准确信息，因而需要制作烫样来展示拟施工建筑的效果。通过向皇帝展示拟建造模型的烫样，可显示出建筑的整体外观、内部构造、装修样式，以便皇帝做出修改、定夺决策。皇帝认可之后，样式房方可依据烫样绘制施工设计画样，编制做法说明，支取工料银两，进而招商承修，开工建设。

故宫博物院现藏烫样 80 余件，这些烫样的内容涵盖圆明园（图4-12）、万春园、颐和园、北海、中南海、紫禁城、景山、天坛、清东陵等处的实物模型。它们是研究紫禁城建筑历史、文化及工艺的重要资料，亦是部分古建筑修缮或复建的重要参考依据。

烫样的制作包括梁、柱、墙体、屋顶、装修等部分。其中，梁和柱采用秫秸和木头制作；墙体主要是不同类型的纸张用水胶黏合成的纸板，然后根据需要对其进行裁剪；屋顶制作时，首先利用黄泥制成胎膜，然后将不同类型的纸用水胶黏合在胎膜上，晾干后，成型的纸板即为屋顶形

▼ 图 4-12　北京故宫博物院藏圆明园九州青晏殿烫样

状；装修的制作方法类似于墙体，再在纸板上面绘制图纹或彩画。一般而言，制作好的烫样，应该包括如下信息：建筑造型、建筑内部构造组成、建筑色彩、建筑材料、建筑基本尺寸数据、建筑装饰（装修）、建筑基础等内容。上述内容可通过烫样外观、图纹、色彩、文字等方式表示。以养心殿寿喜棚烫样（图4-13）为例，不考虑寿喜棚内的戏台，只介绍寿喜棚本身的基本信息，如下。

图4-13 北京故宫博物院藏养心殿寿喜棚烫样

烫样构造：由东、西、南、北4向立柱，装修及顶棚组成。装修信息：东、西、南三向做法基本相同，各分为三部分，每间上部为直方格透明窗，下部为槅扇；北向亦分为三部分，各部分上端为直方格透明窗，下端为立柱框架，便于观看演出。基础做法：立柱浮放于原有室外地面。文字说明：烫样顶棚贴有"添搭明瓦木棚一座，南北进深四丈五尺，东西面宽三丈三尺七寸，柱高二丈六尺"的黄色标签，这规定了寿喜棚的总长、总宽、总高等基本信息；烫样南侧，贴有"柱至影壁二尺"的黄色标签，这规定了寿喜棚与影壁之间的间距尺寸；烫样东侧，分别贴有"柱至台帮二尺五寸"的红色标签，以及"地皮至殿檐高一丈三尺"的黄色标签，红色标签内容实际确定了寿喜棚在养心殿东侧的具体位置，而黄色标签内容实际确定了寿喜棚东侧顶棚与养心殿地面的相对高度；烫样北侧，分别贴有"白

（台）帮至棚柱三尺"及"地皮至殿檐高二丈五寸"的黄色标签，前者确定了寿喜棚在养心殿北侧的具体位置，后者则确定了寿喜棚北侧顶棚与地面的相对高度；烫样西侧，贴有"地皮至抱厦脊上皮高二丈四尺五寸"的黄色标签，这实际确定了寿喜棚西侧抱厦脊的具体高度。建筑做法：屋檐外立面绘有蝙蝠、灵芝、仙草图纹，屋顶护栏为步步锦做法，窗户为直格固定做法（窗户位置较高，不便开启），槅扇为龙纹裙板、蝙蝠纹绦环板、步步锦槅扇芯。建筑色彩：由上至下分别为阳台护栏绿色望柱、红色步步锦栏板芯，绿色顶棚，白色屋檐，绿色直格窗，槅扇抹头边框为红色，槅扇芯为绿色，槅扇绦环板及裙板为蓝色或绿色，绿色立柱。

这样一来，寿喜棚烫样提供了寿喜棚构造、尺寸、样式、色彩等信息。工匠依据皇帝的意见对烫样进行修改，尔后即可进行具体的施工准备工作。

（二）名不副实的烫样

在紫禁城内，至今保留着一座古建筑，它与其烫样截然不同，是紫禁城建筑群中的另类。这座建筑就是延禧宫。延禧宫始建于明永乐十八年（1420年），为嫔妃居住场所，原名长寿宫，清代改为现名。

延禧宫现存烫样为清代制作（图4-14）。由烫样可知，延禧宫由前院及后院组成。前院入口为琉璃墙宫门，入门后有木质影壁一座。前院主殿为五开间，前后出廊，黄色琉璃瓦，

▼ 图4-14 北京故宫博物院藏延禧宫烫样

单檐歇山式屋顶。前院配殿为三开间，前出廊，黄色琉璃瓦，硬山式屋顶。近琉璃门处有一座倒座房。后院主殿为五开间带耳房，无廊子，黄色琉璃瓦，硬山屋顶；东西配殿为三开间，带前出廊，黄色琉璃瓦，硬山屋顶。前后院的配殿之间，建有东西两座体量较小的建筑，称为东、西水房。前后院通过前院主殿两侧的游廊连通，作为出入口。

依据延禧宫烫样相关信息，参照东六宫之其他建筑现状，不难分析出延禧宫的建筑样式，即体量相较于前朝建筑要小的，分为主殿和配殿的，具有传统木梁木柱的，带有琉璃瓦的中国传统四合院式的建筑群。但是，出乎意料的是，我们现在看到的延禧宫前院，是一座不中不洋、造型奇特，而且尚未完工的建筑。不仅如此，这座建筑名称也不叫延禧宫，而被改称为灵沼轩。

灵沼轩是紫禁城里面古建筑的异类。之所以称之为异类，是因为其建筑结构及建筑材料既与其烫样不搭边，又与紫禁城内传统的中国古建筑样式截然不同。不仅如此，这座建筑目前还处于未完工状态。这是怎么回事呢？

延禧宫这个地方似乎风水不好，多次失火。尽管样式房已设计出复建的烫样，但迟迟未予以实施。1908年，隆裕皇太后听从太监小德张的建议，要在原延禧宫之地盖一座"不怕火的建筑"，取名为"灵沼轩"。然而，由于清政府国力空虚，再加上辛亥革命爆发，灵沼轩开工3年后即停工，一直搁置至今。今天我们看到的灵沼轩就是未完工的状态。

所以我们说，延禧宫烫样是紫禁城内几乎唯一的与建筑实物完全不符的建筑烫样。

（三）烫样背后的故事：样式雷家族的兴衰

制作烫样的专门机构为样式房。在清代，出现了一个雷姓家族，他们先后七代在样式房主持皇家建筑设计，这个家族被世人誉为"样式雷"。样式雷留下来的烫样，涵盖承德避暑山庄、圆明园、万春园、颐和园、北海、中南海、紫禁城、景山、天坛、东陵等处。

大到皇帝的宫殿、京城的城门，小到房间里的一扇屏风、堂前的一块石碑，都符合样式雷的种种规矩，体现了中国传统建筑技艺的高超与严谨。

样式雷家族的典型代表人物及主要成就如下：

第一代：雷发达（1619—1693）（图4-15），字明所，建昌（今永修）人。清初，雷发达以建筑工艺见长，和堂兄雷发宣一起应募赴北京修建皇室宫殿，担任工部样式负责人，主要负责故宫三大殿的设计和

▲ 图 4-15　雷发达像

建造，雷发达担任皇宫的设计工作三十余年，他把自己积累的一些建筑和技术知识写成小本子，流传给后人，奠定了雷氏家族在清代建筑领域中的领头地位。

第二代：雷金玉（1659—1729），字良生。康熙中叶时期，太和殿重修，将要竣工时，上梁的官员在脊檩安装时榫卯总是合对不上。在关键时刻，雷金玉爬上梁架轻松将榫卯搭扣吻合，获得了在场康熙帝的赏识。自后，雷金玉被封为样式房的掌案，并开始声誉于外。雍正时期大规模扩建圆明园，此时年逾六旬的雷金玉，应召充任圆明园样式房掌案，负责带领样式房的工匠，设计和制作其中的建筑及园林的画样和烫样，并亲自指导施工，对圆明园的设计和建设工程做出了重要的贡献。

第三代：雷声澂（1729—1792），字藻亭，是雷金玉的幼子。虽然他执掌了样式房工作，但由于缺少行家的指点帮助，因此技艺平平，并没大的建树。为了重振样式雷的辉煌，他把精力用在教育儿子上。

第四代：雷家玺（1764—1825），字国贤，是雷声澂的次子。乾隆三十六年（1771年），雷家玺奉命设计建造乾隆花园，历时六年。他因地制宜，将乾隆花园狭长空间巧妙地横向分割成四个部分，且利用叠山、流水来点缀花园，使得不同空间具有不同的风格，丰富了花园整体的休闲韵味，获得了乾隆帝的高度赞赏。乾隆五十七年（1792年），雷家玺承担了修建万寿山清漪园、玉泉山静明园和香山静宜园的工程。之后，雷家玺还承担了宫中灯彩、西厂烟火及乾隆八旬万寿点景楼台工程以及圆明园东路工程。雷家玺的工程成就非常高。

第五代：雷景修（1803—1866），字先文，号白璧，雷家玺的第三子。雷景修主要参与了圆明园殿、九州清晏、上下天光以及清西陵、慕东陵、圆明园工程的设计与施工。雷景修把祖上传下来的和自己工作中留下来的设计图样（包括各个历史阶段的草图、正式图）、烫样模型专门收集起来，存在家里，用了三间房子。样式雷的大量图档和烫样能保存至今，可认为雷景修功不可没。

第六代：雷思起（1826—1876），号禹门，是雷景修的第三子。雷思起继承祖业，执掌样式房，承担起设计营造咸丰清东陵定陵的任务。同治十三年（1874年）圆明园重修时期，雷思起带领儿子雷廷昌和样式房匠人，夜以继日制作出万春园大宫门、天地一家春、清夏堂、圆明园殿、奉三无私殿等全部施工所需的画样和烫样。此外，雷思起还参与惠陵、盛京永陵、三海工程的设计与施工。

第七代：雷廷昌（1845—1907），字辅臣，又字恩绥，是雷思起的长子。其独立承担过同治帝的惠陵、慈安和慈禧太后的定东陵等晚清皇帝后妃陵寝的设计修建工程，亦为颐和园、西苑、慈禧太后六旬万寿盛典工程负责人。

雷廷昌重修了颐和园后，清王朝严重衰败，皇家大型工程连年减少。雷廷昌死后，家族没有人继承其事业。光绪二十年（1894年）起，清代皇家建筑及陵墓如西陵、东陵、正阳门、裕陵、崇陵等工程的勘查、设计、施工均由顺天府尹陈壁负责完成。

关于样式雷家族的没落，主要有两个方面的原因。其一是清王朝的灭亡，封建制度的瓦解，不再需要一个专门的设计机构为皇族的建筑设计服务，并体现王族的意志和思想。五四运动后，反传统潮流的蔓延，又使得皇家建筑设计失去了原有的荣耀地位和舆论支持；而随后兴起的国内民族工商业，使得民间和政府机构大量建造洋楼和工厂，雷氏家族擅长皇家园林、建筑及陵墓的设计，因此就几乎失去了市场。其二，雷氏家族从雷思起这一代就开始抽食鸦片，而他们抽食鸦片的根本原因是身体有病（腿脚疼痛）。雷氏家族吸食鸦片很快上瘾，而后用了大量的资金购买鸦片，甚至不惜将图档、烫样变卖来换取购买鸦片的资金，这样雷氏家族逐渐没落，并造成大量图档、烫样流失于民间甚至国外。

（四）烫样的文化价值

总体而言，烫样对紫禁城古建筑的保护与研究具有极为重要的价值，主要表现在以下三个方面：

（1）纠正了紫禁城古建筑工匠"纯经验"的传统错误观念。在中国人的传统观念中，包括紫禁城在内的中国古建筑，其造型的优美、结构的精巧纯粹源于工匠丰富的经验，而并非源于这些工匠具有良好的文字、图像组织及表达能力。样式雷家族留下来的大量烫样实物，足以纠正这种错误观念。样式雷家族提供了紫禁城古建筑从设计到施工的丰富图档、画样及烫样，说明中国古代建筑工匠不仅具有良好的建筑施工技艺，而且具有图纸设计表达能力及立体模型表达能力。这些成果不仅改变了人们认为紫禁城工匠是"纯经验"的传统观念，而且有助于今天的人们全面了解、掌握中国古建筑从设计到施工的各个过程的建筑理论、设计方法、建筑技术等信息。

（2）改变了中国传统的古代建筑"见物不见人"的弊病。由于历史的原因，中国古代没有留下有关建筑理论的系统专著，其论述散见于各种文史典籍中，并采取了"中国式"的阐述方式，即以高超的建筑技巧及大量成熟的建筑作品，表现中国建筑的伟大成就，

对于建筑设计者，则往往缺乏系统的介绍。人们认为紫禁城古建筑表现的是建筑工匠的技艺成就，人们对这些建筑的设计者姓名、设计理念、设计依据等信息是无从知道的。样式雷的烫样成就改变了这种观念。样式雷家族留存的烫样模型，提供了较为清晰的信息，便于人们了解、研究建筑实物的来源，并作为古建筑在设计、修缮、研究上参考的依据。样式雷家族有七代人主持了清代皇家建筑的设计，提供了极为丰富的建筑创作实践，对于研究我国传统建筑具有重大的帮助意义。样式雷提供了非常清晰的设计者信息，使得人们能够将建筑实物与建筑设计者的理论、思想有机结合起来，改变了以往古代建筑"见物不见人"的局面，开辟了中国古建筑研究的新思路。

（3）完善了中国古代建筑营造制度方面的研究。中国古代建筑的营造制度，主要源于《周礼·考工记》《周易》等典籍中关于建筑技术、建筑做法及建筑礼制的相关规定，主要在建筑等级、建筑工艺、建筑布局、建筑构造、建筑色彩等方面有相关文字表达，其意义往往阐述得不明晰。宋《营造法式》亦提供了古建筑的营造法则、营造尺寸、做法大样等方面，但上述的方面并未上升到实物角度。样式雷家族留下的烫样实物，有助于从材料、尺寸、样式、工艺等角度全面研究中国古代建筑的营造制度。

因此，烫样及样式雷家族的兴衰是紫禁城古建筑烫样发展过程的一个缩影。样式雷家族及其所制造的烫样在很大程度上代表了紫禁城古建筑丰厚的建筑文化内涵、精美的建筑艺术水准、高超的建筑技术以及精益求精的工匠精神，这些都值得我们深入学习和研究。

四 神兽文化

　　神兽一般指祥瑞之兽，即瑞兽。"瑞"本意为古代作为凭信的玉器，如《说文解字》有："瑞，以玉为信也。"当其为形容词时，则寓意吉祥、吉利，如《荀子·天论》中有："日月星辰瑞历，是禹桀之所同也。""瑞兽"简言之，就是象征吉祥之兽。我国传统的瑞兽形象（图腾）蕴含的文化思想来自古人的吉祥观念，蕴含的是对未来生活的美好愿望。在新石器时期，古人对自然现象、自然景观所代表的自然之力的崇拜，经过长期的演化，形成了具有象征意义的部落图腾（或造型）。这些部落图腾一类向文字化方向发展，逐渐形成甲骨文一类的文字，承载部落的历史与文化，一类向图案方向发展，逐渐由写实形态向抽象形态变化，最终形成有代表性意义的纹路组合，即图纹。部落的图纹承载着部落的人文精神，具有强烈的宗教色彩。经过长期的发展与演变，逐渐形成图纹代表精神，精神体现于图纹中的样态。我国的兽类图纹在新石器时期，以兽类为主，在商朝与春秋战国时期形成了以精神意义为主的龙纹、凤纹等，在秦汉时期形成四方之灵图纹，在宋元时期以吉祥为寓意的祥禽瑞兽开始逐渐发展，并在明清时期达到顶峰。

　　我国古建筑中的宫殿、园林乃至民居建筑中都有神兽形象。如北京北海公园北岸、五龙亭的东北，有一座铁影壁（材料实际上是中性火山块砾岩），其雕刻十分精美，一面刻着麒麟栖居在山林中的图案，另一面刻着狮子滚绣球的图案，壁座四周刻有奔马图案和花边，雕刻粗犷、生动。又如北京圆明园古迹海晏堂前的十二兽首像，由驻华耶稣会教士郎世宁设计。他以兽头人身的十二生肖

代表一天的十二时辰，每座铜像轮流喷水，蔚为奇观。1860 年，十二生肖兽首像被英法联军掠夺后流落四方，目前部分兽首铜像已回归祖国。再如北京颐和园廓如亭北面的堤岸上塑有铜牛，当年乾隆皇帝将其点缀于此是希望它能"永镇悠水"，长久地降伏洪水，给园林及附近百姓带来无尽的祥和。为了阐述建造铜牛的意义，乾隆皇帝特意撰写了一首四言的铭文，用篆字书体镌刻在铜牛的腹背上。而北京四合院民居的大门前一般都有一对门墩（抱鼓石），其上多刻有麒麟卧松、犀牛望月、蝶入兰山、五世同居（五个狮子）等图案，体现了百姓祈福辟邪的愿望。

紫禁城古建筑群中，以神兽为主题的吉祥陈设或装饰纹样在建筑构件上随处可见，以各种彩绘斗拱、檩枋、石刻门鼓、室内外陈设、屋脊装饰以及门窗、牌匾、石雕、砖雕、木雕等为装饰对象。其表现形式非常丰富，或为象形，即以感性事物本身所显现出来的形态、色彩或生态习性，联想到某种与之相似或相近的抽象含义；或为谐音，即以汉字的音、形、义结合的特点为根据，以形声或象声、形声或谐声等手法来构成象征性图形；或为寓意，即人们经过观察、思考，由事象深入到事理中，事象一般指外部特征，事理包括诸如民间神话、故事、传说、典故等在内的事象内部的事理；或为上述形式的复合。在这里，传统的祥瑞思想转变为吉祥如意、福寿富贵等世俗化的吉祥观念，达到了"图必有意，意必吉祥"的程度。龙的形象是中华民族最有代表性的祥瑞符号，在我国古人居住的建筑场所，经常有用龙纹装饰的地方，龙是万兽之首、万能之神，是一种善变化、利万物、利富贵、利子孙繁衍的神异动物。凤作为建筑吉祥装饰纹样的母题被广泛地使用，被人们看作仁义道德和天下安宁的象征，是吉祥、幸福、美丽的化身。狮子是勇敢、驱邪的神兽。麒麟则是吉祥神宠，主太平、长寿。这些神兽（瑞兽）形象应用于紫禁城古建筑中，体现了我国传统的人文思想和文化准则，其内涵之一就是和谐思想，即帝王对国泰民安、风调雨顺的期盼，是一种人与自然、人与社会、人与动物之间和谐融处的思想表达。

本章以紫禁城中龙、凤、狮子、麒麟四种神兽形象为例，来解读我国古建筑中的神兽文化及其中蕴含的和谐思想。

（一）龙生九子

龙是原始人崇敬的一种神物，是原始人不认识也不能驾驭的某种超自然力量的化身。龙的形象是古代中国人综合了走兽、飞禽、水中动物和爬行动物的优长而创造的。作为明清时期二十几位帝王执政和生活的场所，紫禁城的建筑里处处都有龙的形象。屋顶上的琉璃瓦、大殿内的天花和藻井、门窗的包叶、殿外的御道、台基的栏杆、影壁等构件都有着形态各异、大小不同的龙的形象；建筑的内外檐彩画有升龙、降龙、坐龙、行龙等不同龙纹图案；皇帝宝座、屏风、香炉等各种陈设上亦有多种式样的龙纹。据统计，仅太和殿就有各种龙纹1万多条，反映了帝王对龙的崇拜。而这种崇拜的升华，就是对龙的形象的进一步丰富化，比如产生了"龙生九子"的传说。

"龙生九子"的说法古已有之，具体出现的年代无从考证，但真正将"龙生九子"当作一个理论提出并论证其具体所指则是到了明代中后期。紫禁城的古建筑及其中的陈设，几乎包含着以上"九子"形象，具体说明如下。

▼ 图4-16 北京故宫太和殿前镈钟上的囚牛纹

老大：囚牛，平生爱好音乐，常常蹲在琴头上，欣赏弹拨弦拉的音乐，传说囚牛是众多龙子中性情最温顺的，它不嗜杀不逞狠，专好音律。龙头蛇身的它耳音奇好，能辨万物声音，

它常常蹲在琴头上欣赏弹拨弦拉的音乐，因此琴头上便刻上它的雕像。紫禁城太和殿前的镈钟，为中和韶乐乐器之一，通常在重大典礼之日摆放、演奏。该镈钟形制如编钟，只是口缘平，器形巨大，有钮、可特悬（单独悬挂）在钟悬上，而钟悬两端的龙头纹，则可认为是囚牛，见图4-16。

老二：睚眦，平生好斗，刀环、刀柄、龙吞口的龙纹，便是睚眦的像，见图4-17。根据古代史书记载，睚眦性格刚烈、好勇善斗、嗜血嗜杀，而且总是嘴衔宝剑，怒目而视，刻镂于刀环、剑柄吞口，以增加持刀剑者的强大威力。睚眦的本意是怒目而视，所谓"一饭之德必偿，睚眦之怨必报"，报则不免腥杀，睚眦变成了克杀一切邪恶的化身。紫禁城古建筑及陈设中，睚眦形象的龙纹罕见。

▲ 图4-17　清代睚眦铜剑挡

▼ 图4-18　北京故宫古建筑上的嘲风侧视

老三：嘲风，喜欢蹲在险要的位置，一般为屋角部位，且常常向远处张望。紫禁城宫殿建筑的角部都有形状各异的小兽，排在仙人指路后的第一个小兽，即嘲风（图4-18和图4-19）。在中国民俗中，嘲风象征吉祥、美观和威严，而且还具有威慑妖魔、清除灾祸、辟邪安宅的作用。紫禁城宫殿建筑的屋角安置嘲风，也会使整个宫殿的造型既规格严整又富于变化，达到庄重与生动的和谐，宏伟与精巧的统一，它使高耸的殿堂平添一层神秘气氛，起到祛邪、避灾的作用。

狻猊　嘲风

▲ 图 4-19　北京故宫古建筑上的嘲风和狻猊的位置（以北京故宫太和殿小兽为例）

老四：蒲牢，是形似盘曲的龙，受击就大声吼叫，充作洪钟提梁的兽钮，助其鸣声远扬。它喜欢鸣吼，因而人们制造大钟时，把蒲牢铸为钟钮。三国时期的薛综《西京赋》注曰："海中有大鱼曰鲸，海边又有兽名蒲牢，蒲牢素畏鲸，鲸鱼击蒲牢，辄大鸣。凡钟欲令声大者，故作蒲牢于上，所以撞之者为鲸鱼。"原来蒲牢居住在海边，虽为龙子，却一向害怕鲸这一庞然大物。当鲸一发起攻击，它就吓得大声吼叫。人们根据其"性好鸣"的特点、"凡钟欲令声大者"，即把蒲牢铸为钟钮，而把敲钟的木杵做成鲸的形状。敲钟时，让鲸一下又一下撞击蒲牢，使之"响入云霄"且"专声独远"。图 4-20 为紫禁城

▶ 图 4-20　北京故宫神武门大钟上的蒲牢纹

神武门城楼内的大钟，其钮纹即为蒲牢。

老五：狻猊，形状像狮子，喜欢静坐，也喜欢烟火。"狻猊"一词，最早出现在西周历史典籍《穆天子传》中，里面记载："名兽使足走千里，狻猊、野马走五百里。"晋郭璞注曰："狻猊，狮子。亦食虎豹。"因而狻猊是与狮子同类的能食虎豹的猛兽，亦是百兽均率从的猛兽。狻猊常出现在建筑屋顶、佛教佛像、瓷器香炉上（图4-19和图4-21）。紫禁城古建屋顶都有小兽排列，一般为单数，不包括仙人指路；小兽数目越多，则建筑等级越高。

老六：负屃（fù xì），身似龙，雅好斯文，盘绕在石碑头顶，紫禁城古建筑中少见。另李东阳的学生杨慎则认为"龙生九子"的老六为蚣蝮（gōng fù）。蚣蝮好水，又名避水兽，头部有点像龙，不过比龙头扁平些。其嘴大，肚子里能盛非常多的水，所以多作为建筑物的排水口。也有传说其能吞江吐雨，负责排去雨水。紫禁城前朝三大殿外的1142个排水兽形象可认为是蚣蝮（图4-22）。

老七：霸下，又名赑屃（bì xì），形状像一只乌龟，喜欢负重，力大无穷。霸下的形象可能由斑鳖演变而来，霸下和龟十分相似，但细看却有差异，霸下有一排牙齿，而龟类却没有，霸下和龟类在背甲的

▲ 图4-21 北京故宫古建筑上的狻猊侧视

◀ 图 4-22　北京故宫
太和殿三台上的蚣蝮

甲片数目和形状上也有
差异。《升庵集》云：
"一曰赑屃，形似龟，
好负重，今石碑下龟趺
是也。"它总是奋力地
向前昂着头，四只脚顽
强地撑着，努力地向前
走，并且总是不停步。
在上古时代的传说中，
霸下常背起三山五岳来
兴风作浪。后被夏禹收服，为夏禹立下不少汗马功劳。治水成功后，
夏禹就让它把记载自己功绩的石碑背起，故中国的石碑多由它背
着。霸下是长寿和吉祥的象征。紫禁城太
和殿前的龟形神兽，即为霸下（尽管未驮
碑）（图 4-23）。

▼ 图 4-23　北京故宫太和殿前的霸下

其外形为龙头，
龟身，脖子微弯，
身姿威武，寓意
帝王江山永固长
青。

　　老八：狴犴
（bì àn），又名
宪章，形状像虎，
讲义气，能明辨
是非，仗义执言，
因此，古人将其
装饰在门上，让

它虎视眈眈地查看来者。但这种形象似乎更与"椒图"接近。"椒图"为杨慎定义的"龙生九子"之一，性好闭，最反感别人进入它的巢穴，铺首衔环为其形象。人们将它用在门上，除取"紧闭"之意，以求平安外，还因其面目狰

▲ 图4-24 北京故宫太和门上的椒图纹

狞来让其负责看守门户，镇守邪妖；另外还有一个原因，即椒图性好僻静，忠于职守。紫禁城诸多大门的门环，其图纹即为椒图，见图4-24。

老九：螭吻，由鸱尾、鸱吻（chī wěn）演变而来，"鸱"在古代指一种凶猛的大鸟。唐朝以前的鸱尾加上龙头和龙尾后逐渐演变为明朝以后的螭吻。相传螭吻比较喜欢吞火，喜欢东张西望，因而经常被安放在

螭吻

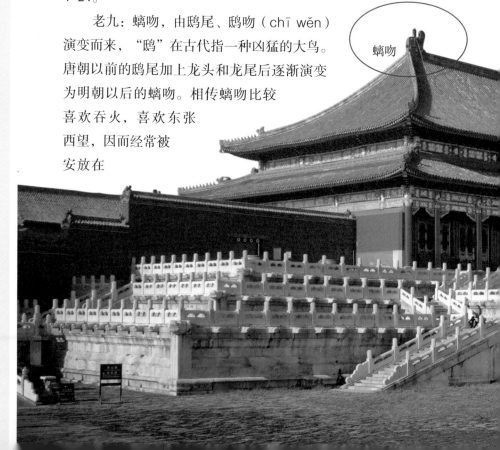

186

△ 图 4-25 北京故宫太和殿螭吻

屋脊上，做张口吞脊状，并被用一剑来固定。紫禁城大多数宫殿的屋顶正脊两端的纹饰即螭吻（图4-25 和图 4-26 ）。螭吻背上插剑有两个目的：一个是防螭吻逃跑，取其永远喷水镇火的寓意；另一是那些妖魔鬼怪最怕这把扇形剑，这里取避邪的用意。

从建筑学角度而言，"龙生九子"体系的发展反映了我国古代匠人非凡的聪明才智以及源源不断的创新精神。尽管龙的形象为古代帝王独有，但大量的建筑物和陈设需要更为丰富的龙的形象。于是，古代工匠根据各种传说和典故，将不同的动物形象加以"龙化"，经过巧妙的融合和发展，创造出了一系列的"龙子龙孙"，使龙图腾从单一走向多样，既丰富了宫殿建筑的造型，同时又为我国传统的建筑文化增添了浓厚的一笔。

▼ 图 4-26 北京故宫太和殿螭吻的位置

▲ 图 4-27　北京故宫体和殿前铜凤像

（二）凤

凤是凤凰的简称，是从古代鸟图腾崇拜中演变而来的，早在远古神话中就被理解成一种美丽、神奇并通天地、懂人神巫术的神鸟。它尽管事实上是不存在的虚拟生物，却一直是我国古代先民崇拜的对象。自汉以来，凤的形象已是集中了许多动物特征的理想形象。成书于西汉初年的《韩诗外传》卷八，在天老的介绍中，凤的形象被说成是"鸿前而麟后，蛇颈而鱼尾，龙文而龟身，燕颔而鸡喙"。《尔雅》将其进一步描述为"鸡头，蛇颈，燕颔，龟背，鱼尾，五彩色，其高六尺许"。晋张华撰的《禽经》中有这样的描述："凤，鸿前，麟后，蛇首，鱼尾，龙文，龟背，燕颔，鸡喙，骈翼。"由此可知，凤的形貌是综合了许多动物的器官，并经过创造性的艺术加工而形成的，且不同历史时代，凤的造型并不相同。紫禁城内凤的造型普遍特点是锦鸡首，鹦鹉嘴，孔雀脖，鸳鸯身，大鹏翅，仙鹤足，孔雀毛，如意冠（图4-27）。在古人看来，凤的每一个形貌特征都具有某种特殊的象征意义：如意冠表示称心如意，鹦鹉嘴表示动人的音乐，孔雀羽象征吉祥，鹤足代表长寿，鸳鸯身寓意美满的爱情，大鹏翅则表示鹏程万里，等等。

作为明清帝王执政及与后妃共同生活的场所，紫禁城古建筑中的凤纹（像）较为常见，且使用于建筑的多个部位，列举如下：

（1）台基：如丹陛石、栏板、望柱头上的凤纹。需要说明的是，丹陛石是宫殿门前台阶中间镶嵌的长方形大石头，一般是一整块石头，亦可由几段组成，是皇家帝王身份的象征。皇家建筑的丹陛石上凤纹一般与龙纹组合，且龙纹在中心，凤纹在四周；或者龙纹在上，凤纹在下。这体现了皇家建筑中，龙图腾的地位要高于凤图腾。当然，慈禧陵前的龙凤纹丹陛石除外。其图案为"龙在下，凤在上"，可反映慈禧太后地位高于当时的（光绪）皇帝。不仅如此，慈禧陵前的69块汉白玉板处处雕成"凤引龙追"，74根望柱头打破历史上一龙一凤的格式，均为"一凤压两龙"，暗示她的两度垂帘听政。

另紫禁城内丹陛石上的龙凤纹组合，其中龙纹数量一般为单

数，而钦安殿除外，其上有 6 条龙纹，双数，这主要与天地五行相关。《周易·系辞上传》认为，在天地生成的十个自然数中，奇数一、三、五、七、九为天数，偶数二、四、六、八、十为地数。又以一、二、三、四、五为生数，五个生数各加五得六、七、八、九、十，为成数。这样一来，天地与五行之间形成了生成关系，说明了"天一生水，地六成之"的道理，其主要含义，即水能克火。钦安殿建筑即是按照"天一生水，地六成之"的理念建造的。其中，"天一"即钦安殿前的天一门，"地六"即指钦安殿前丹陛石上的 6 条龙。

（2）建筑本体：如槅扇芯、大门包叶、外檐额枋、内檐额枋、顶棚等。需要说明的是，紫禁城古建筑立面的凤纹装饰，从南往北，自交泰殿起才出现。亦即交泰殿以南的建筑群，其装饰纹均为龙纹，交泰殿及其以北（含东西六宫）建筑的纹饰，才含有凤纹（龙凤纹或凤纹）。分析认为，这与龙代表帝王、凤代表后妃的形象相关。紫禁城由南向北，可分为前朝和内廷两部分。前朝三大殿为帝王执政场所，内廷则为帝王生活区域。内廷的首个宫殿即乾清宫，是明代帝王的寝宫。也就是说，前朝三大殿与乾清宫均为帝王独有的空间。而乾清宫以北的交泰殿则为明代帝王夫妇生活的地方，交泰殿以北为坤宁宫、东西六宫区域。亦即自交泰殿开始，供后妃生活居住的建筑才正式出现。

那么，紫禁城中为什么以凤代表女性（后妃）呢？

图 4-28　北京故宫古建筑屋顶上的凤造像（线框部分）

其实在历史上凤与龙一样，曾常用来形容一些杰出的男性。如《论语·微子》中楚国的狂人接舆唱着歌从孔子的车旁经过，他唱道："凤兮，凤兮，何德之衰。"在这里，他把孔子比成凤。东汉末年，襄阳一带的学士都盛称诸葛亮为"卧龙"，称庞统为"凤雏"。唐初马周曾以"鸾凤凌云"颂喻唐太宗。唐代李白《古风（其四）》曰："凤飞九千仞，五章备彩珍。"诗人自比于凤凰，抒发自己卓然不群、超然物外的胸怀。从宋代开始，皇帝、皇后在舆服上的龙凤分化已经逐渐明确起来，皇帝的车舆以龙饰为主，皇后的车舆以凤饰为主。皇帝玉辂上的一切装饰、雕饰、纹饰全是龙纹，后妃则全是凤纹。因而从此时开始，凤象征女性，并在制度上固定下来了。而建于明代的紫禁城，其中的凤纹装饰相应地代表女性。

（1）屋顶：如紫禁城屋顶上的小兽，排在龙后面的即为凤（图4-28）。

凤的造像置于屋顶，可反映其为镇宅灵物。凤是神鸟，且是百鸟之王。《说文解字》有："凤，神鸟也……出于东方君子之国……见则天下大安宁。"人们认为只要在瓦当上雕刻凤作能够避邪御凶的灵物，向它祈求吉祥幸福，这个灵物就成了保护神。因此自古就有以灵物镇守屋顶的习俗，屋脊上的凤，就是镇宅灵物之一。另凤从属于龙。从凤的起源讲，《淮南子》有："羽嘉生飞龙，飞龙生凤皇，凤皇生鸾鸟，鸾鸟生庶鸟，凡羽者生于庶鸟。"由此可知，凤凰是飞龙的后代，其作为镇宅灵兽，在屋顶的位置应该排在龙后面。

（2）室外陈设：主要见于慈禧居住的储秀宫区域，包括翊坤宫和体和殿，均有凤造像。

为什么慈禧居住的储秀宫区域，室外陈设都有凤？慈禧选秀进宫后，曾与咸丰在储秀宫生活，并生下同治。光绪十年（1884年），已居长春宫的慈禧太后，为庆祝五十大寿，又搬回储秀宫，同时打破了乾隆帝定下的后世不得更移六宫陈设的祖制，耗费白银六十三万两重修宫室，打通储秀宫和翊坤宫，形成四进院格局。而

院落内的铜凤，应该也是该时期铸造安放的。从当时地位来看，慈禧垂帘听政操控光绪，其地位和权力均高于光绪。凤代表阴，适用于女性；凤是百鸟之王，有"百鸟朝凤"之说，符合慈禧的身份及地位；凤是人们心目中的瑞鸟、天下太平的象征，因而又有吉祥之意；凤还是爱情的象征，古有"凤凰于飞，和鸣锵锵"，意思是说凤凰雌雄俱飞，相和而鸣，锵锵然。由此不难分析出，储秀宫前的凤造像，寓意慈禧拥有至高的地位，祈盼天下太平祥和以及怀念与咸丰的爱情。

从上述分析可以看出，凤作为神灵、吉祥、女性、权力、爱情等多个象征意义的图腾，充溢在紫禁城古建筑的方方面面，成了反映封建帝制文化的重要组成部分。

（三）太和门前铜狮

太和门在明代是"御门听政"的场所。所谓"御门听政"，即皇帝听部院各衙门官员面奏政事。皇帝在此接受臣下的朝拜和上奏，颁发诏令，处理政事。太和门前的一对铜狮是紫禁城内体量最大的，也是我国现存体量最大的一对铜狮。这对铜狮立在宏伟的太和门前，显得十分对称协调。铜狮非鎏金做法，且无款识，推测为明代铸造。

▲ 图4-29 北京故宫太和门前铜雄狮

与乾清门前的铜狮不同，太和门前铜狮的耳朵是竖起来的，似乎在警惕闯入宫内的不速之客。这对大型铜狮的头和身体类似圆形，底座是方形，寓意"天圆地方"。每只铜狮子的高度，都达到 2.4 米，蹲坐在高 0.6 米的铜座之上，通高达 3 米。其中，雄狮在东侧，头饰鬈鬃，颈悬响铃，两眼瞪视前方，气势雄伟，其右足踏绣球，象征皇家权力和一统天下（图 4-29）；雌狮在西侧，头略朝下，其左足抚幼狮，象征子嗣昌盛（图 4-30）。

图 4-30　北京故宫太和门前铜雌狮

两铜狮头顶螺旋卷毛（疙瘩烫），张嘴露牙，似在咆哮，胸前绶带雕花精美，前挂銮铃肩挂缨穗，肢爪强劲有力，前肢后肘有三个卷毛，后背有锦带盘花结，整体显得异常英勇威猛。

狮子，在动物学中属哺乳纲猫科。其体形矫健，头大脸阔，姿态甚是威猛。狮子的原产地不在我国，而在非洲和印度。汉武帝时，张骞出使西域，打通了我国与西域各国的交往，狮子才得以进入国内。最早记载狮子（师子）的是《汉书·西域传赞》："遭值文、景玄默，养民五世，天下殷富，财力有余，士马强盛。……自是之后，明珠、文甲、通犀、翠羽之珍盈于后宫，蒲梢、

龙文、鱼目、汗血之马充于黄门，巨象、师子、猛犬、大雀之群食于外圃。殊方异物，四面而至。"随后，印度佛教的传入，使得狮子又成了一种被赋予神力的灵兽。人们希望用狮子威猛的气势降魔驱邪，护法镇宅，这与佛教中狮子为圣兽的宗旨是一致的。狮子高贵、威严，具有王者之风，在人们特别是在古代权贵阶层心中拥有王者地位，因此，守门狮自然而然地成了权贵的象征。狮子在古代为镇物，用来消除灾厄，趋吉避凶，转祸为福。如《益州名画录》记载："蒲延昌者，孟蜀广政中进画授翰林待诏，时福感寺礼塔院僧摹写宋展子虔狮子于壁。延昌一见曰：但得其样，未得其笔耳。遂画狮子一图献于蜀王。昭远公有嬖妾患病，是日悬于卧内，其疾顿减。"太和门前的铜狮子，其象征着权势、祥瑞，拥有驱邪的功能。

问题来了，铜狮为何爱"烫头"？

我们知道，作为舶来品的狮子，其全身应该是毛发柔顺的。而摆在官府门前的石狮（铜狮），其毛发马上就被"烫"成了卷发，而且是非常时尚的"疙瘩烫"。其实，这种"疙瘩"是一种等级的象征。官府前石狮的头上所刻之疙瘩，以其数之多寡，显示其主人地位之高低，以 13 为最高，即一品官衙门前的石狮头上刻有 13 个疙瘩，称为"十三太保"，一品官以下，每低一级，递减 1 个疙瘩，二品 12 个疙瘩，三品 11 个疙瘩，四品 10 个疙瘩，五、六品都是9 个疙瘩，七品以下的官员府邸门前就不许摆放守门的狮子了。

那么，紫禁城内铜狮子身上的"疙瘩烫"数目是多少呢？45 个。皇帝具有"九五之尊"的地位，护卫皇权的铜狮身上疙瘩数量自然少不了。9 与 5 相乘，即为 45，因而太和门前铜狮身上的疙瘩数目为 45 个。

铜狮的底座为汉白玉须弥座，长约 2.2 米，宽约 3.0 米，高约 1.4米。须弥座不仅体量庞大，而且在四个面上刻有行龙（上下枋位置）、八达马（梵文，意为"莲花瓣"，位于上下枭）、椀花绶带（束腰位置，寓意"江山万代，代代相传"）、三幅云（圭角位置）等精美图案。

太和门前铜狮的雕塑和铸造工艺极为精细，无论是铜狮的全身，还是铜座上的纹饰，都雕铸得非常精美，表面光洁无痕，应是采用古代失蜡法整体铸造而成。失蜡法在明代《天工开物》中有较为详细的记载。其工艺流程大致包括制蜡模、制作外范、熔化铜液、铸后加工等几个过程。

（四）慈宁门前麒麟

慈宁门位于紫禁城内廷外西路、今冰窖餐厅的西北角，其功能应该是慈宁宫的门廊。慈宁宫始建于明嘉靖十五年（1536年），是嘉靖帝为其生母建造的养老场所。此后明清多位皇帝的遗孀在此居住。现在的慈宁宫，已被改为故宫博物院的雕塑馆。

我们到慈宁门时，很容易注意到门前的一对神兽——麒麟（图4-31）。这对鎏金麒麟长 1.37 米，高 1.41 米，麟发上耸，两目前视，昂首挺胸，神形俱现。其外形特点为龙头、鹿角、龙身、马蹄、龙鳞，尾毛似龙尾状舒展。

▼ 图 4-31　北京故宫慈宁门前的麒麟正立面

慈宁门这个麒麟造型，与《清宫兽谱》中对麒麟的记载并不一致。《清宫兽谱》将麒麟的外形特征描述为："麒麟，仁兽。麋身，牛尾，马蹄，一角，角端有肉。"其实，作为我国古代传说中的一种神兽，麒麟在我国不同的历史时期，其形象是不一样的。我国历史上关于麒麟的记述，最早见于春秋时期《诗经·麟之趾》："麟之趾，振振公子，于嗟麟兮！麟之定，振振公姓，于嗟麟兮！麟之角，振振公族，于嗟麟兮！"这是公元前十一世纪时的一首赞美周文王宗族子孙兴旺的诗歌，由此可见麟是有角、额、脚的神兽。据《孝经古契》记载，孔子在丰沛邦见到的麒麟"如麋，羊头，头上有角，其末有肉"。东汉末年佛学家牟子认为麒麟"鹿蹄、马背"。东汉许慎在《说文解字》中认为："麟，大牝鹿也"，"麒，仁兽也，麋身牛尾一角"。唐代颜师古注曰："麟，麋身，牛尾，马足，黄色，圆蹄，一角，角端有肉。"南朝何法《征拜记》有："麒麟者，牡曰麒，牝曰麟。许云仁兽，用公羊说，以其不履生虫，不折生草也。"从众多的史料记载来看，早期麒麟有羊头、狗头、马头、鹿头之分，有狼蹄、鹿蹄、圆蹄之别。各朝代麒麟的形象大致如下：

（1）唐代麒麟的形象为牛马外形。如武则天为其母杨氏所建顺陵前的石麒麟，给人一种似牛的印象。其头顶有一弯曲的独角，上面饰有繁复细致的花纹，身有双翼，翼面雕有美丽的卷云花纹，足似马蹄，尾下垂。麒麟形象虽然雄健浑厚，但神态平和，显得温顺而又善良。

（2）宋元时期，麟形逐渐被龙形代替，成为类龙形动物。其头部具有明显的龙头特征，头顶有两只肉角（或独角），身上开始出现鳞甲，有的全身披满鳞甲，并且身躯上出现了火焰纹饰。

（3）明代时期的麒麟与非洲长颈鹿密切相关。明成祖永乐十二年（1414年）秋天，一个名叫榜葛剌的国家派遣使臣来华，跟随他一起到来的还有一只"麒麟"。当时礼部官员上表请贺，尽管永乐皇帝免去请贺，但依然请了翰林院修撰沈度写下了一篇《瑞应麒麟颂》，并且命令宫廷画师将麒麟图像画下，将《瑞应麒麟颂》抄写在图上，于是有了《瑞应麒麟图》，现收藏在台北故宫博物院。榜葛剌，即今日孟加拉国，是明朝郑和每次远航下西洋的必经之地。在历史上，榜葛剌国王分别于明永乐十二年（1414 年）、明正统三年（1438 年）两次派使臣沿海路到中国贡献"麒麟"，这个"麒麟"原来竟然是长颈鹿。其原因很可能有两个：一是榜葛剌的使者发现中国人非常重视麒麟，便从非洲买来长颈鹿将它当作麒麟进贡给永乐皇帝；二是中国人在下西洋的时候发现长颈鹿长得很像传说中的麒麟，于是告诉了榜葛剌国王，国王才决定用长颈鹿作为贡品。

慈宁门前的麒麟的建造年代很可能为清代。不难发现，明代紫禁城中麒麟的外形，应该是今天的非洲长颈鹿，因为永乐帝已安排人绘制了"瑞应麒麟"，并留存宫中，此后历代皇帝应该有所知。若慈宁门前的麒麟为明代时期铸造的，则其外形应该接近鹿。另颐和园仁寿殿前的麒麟，建造于清乾隆时期，其外形与慈宁门前的麒麟高度相似，均为龙头、鹿角、龙身、马蹄、龙尾。《清宫兽谱》中提及的麒麟，其外形（尤其是独角）应该是唐以前的麒麟形象。除了上述特征外，早期麒麟身躯类狮虎，张口突齿，显得威武雄壮、霸气十足。

麒麟与龙的关系。龙凤研究专家王大有先生认为，麒麟是龙凤家族扩大化的产物，他在专著《龙凤文化源流》中说麒麟虽以鹿为原型，然而它实际上是一种变异的龙，只易爪为蹄而已。它为"中央黄帝"的象征，但因出现较晚，并不具统治地位，而中央黄帝的实际形象是蛇驱之龙。古文中常把中央黄帝尊为麒麟，而后来人们把历代帝王比喻为龙，从中也可看出麒麟与龙的关系，它们同属一宗。商代龙的角，常常用的是长颈鹿（明代将长颈鹿称为麒麟）的菌状角，这是麒麟与龙的又一种复合现象。秦汉时期，龙从蛇体向兽体转化，和后来的麒麟也有相通之处。汉代以后，麒麟作为一种"仁兽"，虽慢慢地从龙的大家族中分化出来，而逐渐自成一体，成为"五灵"之一，但却始终没有脱离龙的范畴。到宋代以后，特

别是明清时期，两者逐渐同化，终于"万变不离其宗"，麒麟变成了鹿形的龙，除了蹄子像鹿，尾巴像狮和躯比龙短外，其余和龙的形象高度相似，成为龙家族中的一员。

麒麟作为神兽，在我国传统的建筑装饰艺术中，始终占据重要的地位。它随着封建制度的建立和发展，被封建统治者所利用，成为维护其封建意识形态的东西，成为政治兴盛的象征。它"有王者则至，无王者则不至"或"王者至仁则出"，麟的出现被认为是圣王之"嘉瑞"。汉武帝因幸雍获麟而更改年号，作《白麟之歌》，筑麒麟阁，并赐诸侯白金；宋太宗得麟，宰相、群臣来贺，空前隆重。历代的宫殿、庙宇多将麒麟与龙凤并用装饰，许多帝王陵前也不乏麒麟形象。

此外，在我国古代神话传说中，麒麟还能为人带来子嗣。相传孔子将生之夕，有麒麟吐玉书于其家，上写"水精之子孙，衰周而素王"，意谓他有帝王之德而未居其位。此虽纬说，实为"麒麟送子"之本，见载于晋王嘉《拾遗记》。"麒麟送子"大意为：在孔子的故乡曲阜，有一条阙里街，孔子的故居就在这条街上。父亲叔梁纥与母亲颜徵在结婚，因为叔梁纥只有孔孟皮一个男孩儿，但其患有足疾，不能担当祀事。夫妇俩觉得太遗憾，就一起在尼山祈祷，盼望再有个儿子。一天夜里，忽有一头麒麟踱进阙里。麒麟举止优雅，不慌不忙地从嘴里吐出一方帛，上面还写着文字："水精之子孙，衰周而素王，徵在贤明。"第二天，麒麟不见了，孔纥家传出一阵响亮的婴儿啼哭声。通行的《麒麟送子》图，实际上是中国民间祈麟送子风俗的写照，方式是由不孕妇女扶着载有小孩儿的纸扎麒麟在庭院或堂屋里转一圈。

那么，为什么皇帝会在慈宁门前放置一对麒麟呢？

对于网上盛为流传的"麒麟送子"的寓意，笔者认为是不对的。在一个老太每天诵经念佛、安度晚年的地方放置麒麟，怎么可能跟生子有关？

结合慈宁门和慈宁宫的建筑功能，笔者认为慈宁门前放置麒麟的寓意至少有以下两个方面：

其一，长者身份。古人将自然界的所有动物分为羽、毛、鳞、介四种。毛虫就是身上长毛的走兽。《礼记·礼运》云："何谓四灵，麟凤龙龟，谓之四灵。"《礼记·礼运》又有："凤以为畜，故鸟不獝；麟以为畜，故兽不狨。"也就是说，麒麟出现以后，百兽都甘愿服从、跟随它。其主要原因在于麒麟是百兽之长。《孔子家语·执辔》又有："毛虫三百有六十而麟为之长。"也就是说，麒麟是走兽中的长者，有了麒麟才有其他走兽。慈宁宫住的是皇太后、太妃等辈分高的长者，因而宫前置麒麟这种神兽是合理的。

其二，怀仁之心。古人认为麒麟深怀仁慈之心。《春秋·公羊传》里有："麟者，仁兽也。"汉代何休注曰："状如麕，一角而戴肉，设武备而不为害，所以为仁。"可见，麒麟连角都带肉，它是不愿意伤人的，具有仁慈的本性。陆玑所著的《毛诗草木鸟兽虫鱼疏·麟之趾》里说麟"不履生虫，不践生草"。也就是说，麒麟不践踏动物，连生草都不践踏，对各种生物都很爱惜。由此可知，麒麟是一种深怀灵德的仁兽。因此，慈宁宫作为皇太后、太妃等皇家老妪颐养天年的地方，大门外置麒麟的寓意与居住者祈求平安祥和的愿望是密切相连的，从侧面来看也是皇帝敬老养老美德的体现。

（五）小结

我国古建筑中的神兽形象是中华文化的体现，不仅具有装饰美化的作用，还带有伦理说教意义，同时也反映了建筑的营造等级观念和审美特征。我国几千年来形成的政治、哲学、宗教文化思想，成了中华传统文化植根的土壤，在以福、禄、寿、祥、瑞、喜等为题材的建筑装饰中，都融入了神兽文化。这种文化反映了人与自然是和谐的共生关系，也就是所谓的"天人合一"的哲学思想。天人和谐是我们追求的目标和理想境界，它所强调的是人与自然、与天地万物和谐相处及融合的思想。神兽文化形成了独特的建筑形态、形式和构成，表达了帝王对国泰民安的珍视和渴望，并展示了民众的信仰和审美理想，反映了中华民族的深层思维结构和认知方式。

五 陈设文化

　　我国古建筑不仅本身具有丰富的文化和历史，而且其室外陈设也是反映建筑功能、艺术和历史的重要内容。古代工匠基于智慧与经验，建造出功能合理、舒适美观，符合使用者的生理、心理要求的室外陈设。室外陈设是古建筑的重要组成部分，其内容丰富多样，或为建筑附属小品，或为各种器物，或为形象各异的雕塑。不仅如此，这些陈设集使用功能、艺术及文化寓意于一体。如北京天坛圜丘坛有燎炉，寓意皇帝祭天时与上天相"感应"；北京颐和园乐寿堂庭院内陈列着铜鹿、铜鹤和铜花瓶，取意为"六合太平"；北京北海公园内琼岛北山腰处的铜仙承露盘，铜仙双手托盘，面北立于蟠龙石柱上，铜盘可承接甘露，为帝后拌药，寓意帝王延年益寿。而位于北京市中心的紫禁城是由单座建筑为基础组成的庞大建筑群，其中轴线空间序列具有雄壮宏伟、森严肃穆的气势，令人顿生崇敬之感、震撼之情。众多庭院的空间，主要由建筑造型及外檐装修的变化来表达不同的意境。同时，又利用多种艺术手段渲染出庄严崇高、神圣威严、富丽堂皇、清静安逸等环境气氛，室外陈设与园林植物等便是其中主要的艺术手段。这些室外陈设内容众多，且与建筑功能紧密结合，表达出丰富的文化寓意。如天安门前后的华表，具有给帝王纳谏的寓意；太和门两侧的石亭和石匣，石亭内放嘉量，寓意皇帝驾驭宇宙时空，石匣内放米谷及五线，寓意耕织均丰收；太和殿三台上的鼎炉，寓意帝王掌握国家政权；太和殿两侧的铜龟和铜鹤，寓意帝王统治的江山万古长久；乾清宫丹陛石两侧的江山社稷金殿，代表山川、江河、谷神、土地神，寓意帝王对江山和土地的掌控。这些室外陈设，与紫禁城中的某些建筑有着相似的象征意义，如"国富民安""江山永固""天下太平""万寿无疆"等，又与宫殿建筑所需衬托的皇权、威严、庄重的气氛相协调，而且还能实现功能和艺术文化的统一，既能满足功能需求，还具有精美的艺术、丰富的历史。本节以紫禁城室外陈设之石别拉、须弥座、水缸为例，对其功能、艺术文化和其与历史的和谐统一进行解读。

（一）石别拉

紫禁城的安全保障是极其重要的。其安全设施需要预防外敌入侵，或者在外敌入侵时及时发出战斗警报。紫禁城传递警报的信号有多种。比如，白塔信炮报警。信炮修建在紫禁城西北侧的白塔山上，与紫禁城近在咫尺，只要接到紫禁城内出现危险的放炮令牌，炮手便会立即冲着天空开炮。驻扎在京城的卫士们听到炮响声后，必须迅速集合，各就各位，以及时抵御入侵的敌人。又如，紫禁城的出入证有腰牌与合符两种形式，上面刻有允许进入紫禁城的人员的身份信息。紫禁城四个大门的守护人员会及时检查出入紫禁城人员身上携带的上述身份信息，不符合者一律缉拿处理。下面要介绍的是紫禁城内一种特殊的警报装置——石别拉。

在介绍紫禁城内的警报系统石别拉之前，我们不妨先看一下当代的警报设施，以进行对比。我们去故宫参观的时候，随处可看到有探头和监控。这些现代的高科技措施，就是为了及时发现潜入故宫的不法之徒，属于现代高科技警报系统。

那么清代紫禁城设置的石别拉，是一样有类似功能的警报系统，发现入侵人员能够快速报警。部分石别拉存留至今，只不过如今不太引人注目。

一般来说，紫禁城的城墙和护城河是外围防御系统。但是如果有人越过了这些外围防御系统，侵入了紫禁城里面，那么古代人如何快速把警报传递给宫内外的警卫人员的呢？

于是，在清代的紫禁城的一些特殊位置，就设置了一种警报

系统，称之为"石别拉"（或石海哨）（图4-32）。据史料记载，清顺治命侍卫府在外朝、内廷各门安石别拉，分内外前三围，需要报警时，侍卫将3寸长的"小铜角"（一种牛角状的喇叭）插入石孔内，三围的石别拉就先后被吹响。每当遇到外敌入侵、战事

▲ 图4-32　含有空洞的望柱头即为石别拉

警报或是火灾等情况时，守兵便用牛角吹石别拉上的小孔，石别拉便会发出"呜呜"的类似螺声的警报声，其浑厚嘹亮的声音便传遍整个紫禁城。

柱头

栏板

柱身

▲ 图4-33　北京故宫午门北内金水桥上的望柱头

制作石别拉比较简单，实际是利用了紫禁城中大量使用的栏板的望柱头改造而成的，而且它只使用一种莲瓣形状的望柱头。望柱也称栏杆柱，是中国古代建筑桥梁栏板和栏板之间的短柱，其材料可为木质或石质。紫禁城的望柱一般由汉白玉石材制作而成。望柱分柱头和柱身两部分，图4-32所示的望柱头为莲花瓣形状，上面有24道纹路，象征二十四节气，因此又被称为"二十四气望柱头"，

在紫禁城中轴线区庭院中应用较多。而这种望柱头，则往往用来做石别拉。

内金水桥的栏板上的望柱头（图 4-33）形状是莲瓣的。

普通的莲瓣望柱头，本质上就是一块瓷实的石头，但是拿去加工成用于警报的石别拉的时候，就把莲瓣望柱头里面给挖空了，就像一个空心葫芦。

那么，这种石头制的空心"葫芦"，怎么就成了报警器了呢？当时的人们，一旦发现紫禁城内有侵入者，就会使用一个 3 寸（约 10 厘米）长的牛角状喇叭，插入石别拉的洞内，使劲吹喇叭，喇叭发出的声音，会通过石别拉放大，飞快传遍四周（图 4-34）。

就是这么一个简单的，跟紫禁城一些室外陈设的材质与造型很接近的石质构件，构成了紫禁城的警报网络。人们去故宫参观的时候，只要稍加注意，细心观察莲瓣形望柱头，若里面是空心的，就是我们所说的石别拉了。

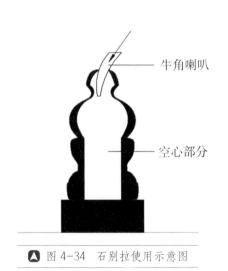

牛角喇叭

空心部分

▲ 图 4-34　石别拉使用示意图

那么，紫禁城哪些地方设置有石别拉呢？根据统计，太和门广场、乾清门区域、坤宁门区域、东华门区域、西华门区域设置有石别拉。一言以蔽之，这种石别拉几乎覆盖了整个紫禁城。

需要说明一点，由于历经数百年沧桑，目前故宫内，很多石别拉发生了一些变化，比如洞口可能被各种杂物堵上了，或者在修缮过程中被新的石材替换了。

当然，石别拉只是紫禁城警报系统的一个环节。这里简单介绍一下石别拉报警的传递路线，并对其警报效能进行简单的评估：

假设有外敌从故宫的午门入侵，则石别拉的报警传递路线如下：

第一步：午门阙亭的守卫会敲响阙亭里面设置的警钟。钟声会传至太和门广场。

第二步：太和门广场的守卫听到警钟，就会吹响石别拉。设置在不同区域的石别拉，会把报警的声音次第传至东华门、西华门、三大殿、乾清门等重要区域。

第三步：乾清门的警卫听到警报声，继续吹响石别拉。报警音传至景运门、隆宗门、坤宁门等处。

第四步：坤宁门的警卫听到警报声，继续吹响石别拉。报警音传至神武门。

根据估算，以上四步 1 分钟内就可以完成。也就是说，如果午门发现有入侵者，那么在 1 分钟内，紫禁城所有位置的守卫都能听到警报声。于是他们会从各处前往午门抵御入侵者。

比如，清嘉庆时期，就有天理教入侵紫禁城事件。嘉庆年间，清政府已经比较没落了，土地高度集中，贪污腐败盛行，天灾接踵，民不聊生。期间，有农民和破产的手工业者组成了民间秘密团体，被称为天理教，其根本矛头就是指向清政府。天理教的首领是北京大兴人，名叫林清。林清通过各种手段拉拢人入教。林清为了攻打紫禁城，在北京宣武门外租了一间房。以卖鹌鹑为掩护，结识了一些宫里来买鹌鹑的太监，并拉拢他们入教。这样一来，宫里就有他的内应了。嘉庆十八年（1813 年）九月十五日，正当嘉庆皇帝颙琰在热河秋狝之际，林清认为时机成熟，安排两路教徒分别从东华门（100 多人）、西华门（60 多人）攻打紫禁城。进攻东华门的一支由陈爽带头，太监刘得财、刘金负责引路；进攻西华门的一支由陈文魁带头，太监杨进忠、高广福、张泰负责引路。林清则坐镇宋家庄，等待河南兵至而后进。十五日午时，太监刘得财引陈爽一队来到东华门，与一名运煤人为争道发生争执，众教徒拔刀将其杀死。守门官兵见状后立即关门，但仍有陈爽等数人冲了进去。在协和门下，署护军统领杨述曾当即率领几名护军拼死抵抗，连杀数人，官兵也有多人受伤。此时守卫在协和门区域的士兵即吹响石别拉，紫禁城立刻启动报警模式。远在养心殿的皇次子绵宁（后改为旻宁，即后来的道光皇帝）获得警报后，闻变不惊，从容布置，传令关闭禁城四门，组织太监把守内宫，召官兵入禁城围捕天理教徒。同时，他命刚刚18岁的皇三子绵恺保护后宫，寸步不离其母后，并命侍从取来刀箭和火枪，与贝勒绵志（仪慎亲王永璇之子）御敌。在西华门这边，由于守卫松懈，关门不及时，80余名天理教徒全部冲入了紫禁城，并反关城门以拒官兵。头等侍卫那伦是太傅明珠的后裔，这天正好在太和门值班，听到警报后，急忙入宫，到熙和门时，门已关闭，此时天理教徒从北面蜂拥而至，那伦当场遇害。这时候，宫里的火器营兵（火枪手）近千人赶来，与教徒们在隆宗门展开了激战。部分教徒被捕，还有部分教徒藏在了宫里不同的地方。随后几天，清兵们在宫里大规模搜捕，抓到了藏匿在宫中的教徒，并盘查出了宫里参与该事件的太监内应，一并抓捕。该事件史上称之为"癸酉之变"。

紫禁城的石别拉，在建筑学上也具有一定特色。它巧妙地利用了紫禁城各个庭院内的栏板望柱头作为警报装置，兼有欣赏和实用的双重功能。一方面，这些望柱头形状和纹饰未受到改变，在紫禁城内起到了很好的装饰作用，在建筑外形上与紫禁城的建筑装饰十分和谐；另一方面，通过对部分二十四气形式的望柱头开孔，使之成为警报器，这些望柱头又有了实用性功能，形成了实用功能与紫禁城本身的功能需求之间的协调统一。石别拉在紫禁城的应用，可以说是紫禁城建筑艺术与建筑技艺结合的一个典范。

（二）须弥座

人们如果去故宫参观，会看到很多重要的建筑、门洞，尤其是中轴线建筑，它们都是立在一层层石块堆砌而成的基座上的。这种古建筑的基座，我们称之为"须弥座"。须弥座是古建筑的底座，也可以说是古建筑在地上的基座。无论古建筑的体量多大，当它坐

落在石砌的须弥座上时，就会给人以厚实、稳重之感。紫禁城中轴线上的建筑极其重要，其底座大量采取白色石质须弥座形式，既满足了建筑承载力的需求，又兼具建筑艺术和建筑色彩的和谐性。

须弥座是在东汉初期（约公元1世纪）随佛教从印度传入我国的，最初用于佛像座。"须弥"一词，最早见于译成中文的佛经中，也有译为"修迷楼"的，实际就是"喜马拉雅"一词的古代音译。在佛经中，喜马拉雅山被尊称为"圣山"，所以佛像座被称为"须弥座"。从现存唐宋以来的建筑及建筑绘画来看，在当时须弥座用于台基已非常普遍。而建于明代的紫禁城中轴线上的建筑，是紫禁城中最典型、最重要的建筑，其基座几乎全部采用了须弥座的形式，如图4-35所示的太和殿基座、图4-36所示的神武门城台基座均为须弥座形式。这两种须弥座形式属于单层须弥座。

▼ 图4-35 北京故宫太和殿基座

如果仔细查看，我们还会发现，对于紫禁城三大殿而言，不仅它们自身的建筑底座是须弥座形式，甚至其下面的高台也做成了三层须弥座形式，我们称三层须弥座为"三台"，见图4-37。这种须弥座形式，只限于用在极其

图 4-36　北京故宫神武门城台基座

重要的建筑上。紫禁城太和殿、中和殿、保和殿的须弥座高台为三台形式，这是皇宫最高等级的高台。这种石雕须弥座构成的高台，与之相匹配的有石陛、石栏杆以及沿台边设置的排水设施（小型喷水兽）。在台的转角处，于圭角之上立角柱，角柱上为体型较大的排水设施（大型喷水兽）。这些排水设施除了发挥应有的功能外，还点缀着高台外立面，形成高大雄伟的气势。

从形式上看，须弥座在印度最初采用栅栏式座样，引进我国后才有了上下起线的叠涩座形式。六朝时期，须弥座的断面轮廓非常简单，在云冈北魏石窟中，可以看出它在我国的早期形象，无论是佛像之座，还是塔座，线条都很少，一般仅上下部有几条水平线，中间有束腰。在唐代，须弥座外形有了较大的变化，叠涩层增多，外轮廓变得复杂起来，每层之间有小立柱分格，内镶嵌壶门，装饰纹样增多。宋辽金时期，须弥座外形走向繁缛，宋《营造法式》规定了须弥座的具体分层做法。元代时期，须弥座形式走向简化。而明清时期，须弥座形式较为简练，装饰走向细腻与丰富，各部位有较多的纹饰。紫禁城须弥座一般由一块大石头分层雕刻而成，

上层须弥座

中层须弥座

底层须弥座

▶ 图 4-37　北京
故宫三台近照

其可分为 7 层做法和 9 层做法，而后者的做法更凸显建筑的重要性。
其中，7 层须弥座由下至上各部分的名称分别为土衬、圭角、下枋、
下枭、束腰、上枭、上枋；9 层须弥座由下至上各部分的名称分别
为土衬、圭角、下枋 1、下枋 2、下枭、束腰、上枭、上枋 1、上
枋 2。在须弥座的中部（束腰）和下部（圭角），往往会有一些纹饰。
束腰位置的纹饰一般为椀花结带，寓意江山万代之类。圭角位置的
纹饰，一般为素线卷云形式。

　　举例来说，太和殿作为紫禁城中最重要的建筑，其建筑底座
的须弥座几乎每一层都有纹饰。其上枋和下枋都雕刻卷草花边，上
枭和下枭为仰覆莲瓣式样，束腰在转角处雕刻如意金刚柱子和椀花
结带，圭角在靠近转角处雕刻如意云，在台基中间适当的位置亦增
加如意雕饰。

　　另前朝三大殿底座的须弥座，所有部位都刻有纹饰，是紫禁
城所有须弥座中最为华贵的形式。由于建筑等级不同、功能各异，
三大殿虽然在同一台基之上，但其雕刻纹饰亦有所区别。太和殿须
弥座的上、下枋都刻有卷草纹，上、下枭都刻有莲花瓣，束腰有椀
花结带；而中和殿、保和殿在下枋均刻有较为活泼的八宝图案。这
种细微的纹饰变化，不仅区别了三大殿的功能与等级，同时还彰显
了太和殿的庄严与肃穆。卷草图案起源较早，是民族传统工艺图案，

常用于边饰。八宝图案盛行于明清时期，为吉祥纹饰。另椀花结带的纹饰，"椀"与"万"谐音，"结"与"接"谐音，"带"与"代"同音。带的纹样不仅在形式上美观，而且能引发诸多联想。椀花结带图案用于紫禁城须弥座上，寓意深厚，充分表达了帝王们祈盼"江山万代"的愿望。

相比中轴线上的建筑，那些分布于紫禁城中轴线两侧的、不那么重要的值房之类，它们的基座就没有采取须弥座形式，仅为普通的台基（图4-38）。这种台基是用砖石砌成的突出的平台，四周压面包角。台基虽不直接承重，但有利于基座的维护与加固，不仅如此，还有衬托、美观的作用。

但是须弥座在紫禁城的设置，有一个巨大的例外。这就是在紫禁城中轴线上的重要建筑之一的坤宁宫，它的基座就没有采取须弥座的形式，而仅仅采取高台形式（图4-39）。高台即高高的台基，建筑物建造在高高的台基上。这种台基中心部位为夯土，四周用砖砌筑以进行维护。高台不仅有利于建筑防潮，而且能扩大建筑使用者的视野，提高建筑的安全防护性能。

坤宁宫的高台基础要从一件历史事件"清朝入关"说起。

在明代的紫禁城中，坤宁宫是皇后的寝宫。可是，清世祖顺治元年（1644年）清朝入关后，坤宁宫的功能

▲ 图4-38　北京故宫乾清门广场值房台基无须弥座做法

就随之发生了变化。清朝皇室有一个习俗就是萨满祭祀，这种由萨满主导的活动，集自然崇拜、图腾崇拜和祖先崇拜于一体。清顺

 图4-39 北京故宫坤宁宫高台基无须弥座做法

治十二年（1655年），顺治皇帝在皇宫中为萨满祭祀活动选址，他看中了坤宁宫，于是对坤宁宫进行了相应的改造。从此，坤宁宫的建筑格局被做了有针对性的修改，变成了清廷祭祀的场所。而在坤宁宫的改造过程中，施工人员参照了沈阳（当时的盛京）的清宁宫的建筑格局。沈阳的清宁宫与其他四座建筑，共同坐落在一个高3.8米、长和宽均为67米的高台之上。满族建筑的最重要特征之一，就是建筑台基很高。建筑学者认为，满族把建筑及院落整体做成台基形式，主要源于远古时代在安全及瞭望方面的需要，到后来，这种台基形式逐渐演化成了古代满族贵族的身份象征。相应地，坤宁宫在当时的改造过程中，它的台基很可能进行了改动，以模仿清宁宫。坤宁宫因此就不同于其他紫禁城建筑，它的台基做得很高，且不用须弥座的形式，这体现出满族建筑的某些特点。

由上可知，紫禁城的须弥座用于重要宫殿建筑的基座，使得须弥座的"稳固"寓意与帝王对宫殿建筑稳固长久的期盼相统一，须弥座上丰富的纹饰寓意又与帝王对江山长治久安的期盼相统一；须弥座的样式变化反映出紫禁城部分宫殿建筑在某个特定历史时期的功能变化，因而与历史进程相统一。

（三）水缸

众所周知，紫禁城中轴线上分布的建筑群都是非常重要的，在前朝区有皇帝执政的三大殿，而在内廷区有帝后生活居住的后三宫。伴随着这些重要建筑的室外陈设，最常见的，就是广泛设置的大水缸。

如果从午门进入太和门广场，很快就会注意到太和门两侧有铁缸，共4个。之后穿过太和门，进入太和殿广场，亦可看到太和殿广场周边有很多铁缸，共38个。继续沿着中轴线方向北行，可看到太和殿两旁有鎏金铜缸，共4个。进入乾清门广场之后，我们看到的铜缸和铁缸共14个，其中鎏金铜缸10个。乾清门北面是乾清宫。乾清宫两侧的下沉广场有铁（铜）缸18个，其中鎏金铜缸4个。乾清宫北面的坤宁宫，其两侧下沉广场亦有铁缸4个。此外，坤宁门两侧、御花园内都有铁缸，共8个。继续北行，在钦安殿两侧可以看到2个铜缸。等到了紫禁城的北门（神武门），就看不到铁缸或铜缸了。这是因为神武门广场靠近筒子河，取水方便，因此不设水缸。

根据统计，紫禁城中轴线上共设置铜（铁）缸96个，其高度在1.0~1.4米之间，直径1~2米不等。一般来说，铁缸是明代时铸造的，铜缸有明代的，也有清代的，鎏金铜缸（22个）则均是清代铸造的。除了中轴线的重点区域外，紫禁城其他位置还有铜（铁）缸。据《大清会典》记载，清宫中共有大缸308个，其管理部门为内务府营造司。紫禁城中设置大量铜缸的最初意图是用来防火，但实际的存在价值绝不仅仅局限于消防，它同时还是宫内大殿、庭院中不可或缺的陈列品。清代宫中各处陈设吉祥缸的质地、大小、多少都要随具体的环境而定。鎏金铜缸等级最高，因此要设置在皇帝上朝议政的太和殿、保和殿两侧以及"御门听政"的乾清宫外红墙前边，而在后宫及东西长街中，就只能陈设较小的铜缸或铁缸了。

仔细查看这些大缸，可以发现，紫禁城中的大缸具有几个主要特点：缸体普遍比较大，里面可以盛放比较多的水；两边一般

都有兽面和拉环，以方便搬运。其中，兽面的名字叫作椒图，性格封闭保守；缸体普遍被石块支起来了，就像灶台一样，下面可以生火（见图4-40）。

从以上特点可以看出，这些缸的主要功能就是存水，而缸底下之所以设置生火空间，就是准备在冬天生火，以防止缸内存水结冰。

这些缸在明清时期被称为"门海"或"吉祥缸"、"太平缸"，主要用途就是执行防火任务。紫禁城的古建筑主体受力体系为大木构架。这些大木构架，很容易失火（包括人为失火、雷击失火等）。以太和殿为例，自1420年建成至今，至少失火五次，其中雷击失火三次。这样的火灾频次表明紫禁城建筑的防火任务是很重的。要灭火，水源就很重要。紫禁城的水源，有城墙周边的外金水河和内金水河，此外，宫中还分布有83口井亦可用于灭火。但是如果再细心一点，就会发现紫禁城中轴线附近的建筑周边，根本就没有井，而且河流也只有太和门广场南部才有内金水河穿过，其他的建筑群周边都没有能够取水的水源。这样一来，就只能设置大量的水缸，用大缸内的水充当应急消防水源了。

值得一提的是，紫禁城的这些大缸，不仅是紫禁城火灾历史的见证，同时也多次亲历了其他的历史事件。比如，清光绪二十六年（1900年）八国联军攻陷北京时，在紫禁城里搞了一次"阅兵"。时年，早已蓄谋瓜分中国的外国列强，为了继续攫取在华的更大权益，镇压以"扶清灭洋"为旗号的义和团的反抗运动，由英、美、法、德、俄、日、意、奥八个国家拼凑起一支八国联军，对中国发动了野蛮

图 4-40　北京故宫里的铜缸

的武装侵略。8 月 14 日，他们攻入北京；次日清晨，慈禧太后与光绪皇帝仓皇出逃。继 40 年前英法联军入侵之后，古都北京再度沦陷。关于如何处置紫禁城的问题，外国公使与将军举行了一次会议。在会上，大家对这个问题有不同的意见。有人主张，如果紫禁城真的一点未受骚扰，中国人就会相信有神明护佑，不让圣地被洋人践踏玷污。因而最好是占领紫禁城，至少也要进一下城，为的是粉碎中国人的迷信思想，并且教训一下中国人，让中国人知道自己处于联军的掌握之中了。于是与会各国公使、军事头目议定：选派代表各个国家的小分队进宫，具体人数则大体按照各国军队的实际比例而定。初步决定的行军序列，依次为日军、俄军、德军、英军、美军、法军、意军、奥军。1900 年 8 月 28 日，来自八个国家的侵略者，穿着各自不同的军服，吹着不同的号角，奏着不同的乐曲，举着不同花色的国旗，在只有中国皇帝才能走的紫禁城中轴线上缓缓前行，耀武扬威。他们在紫禁城中为所欲为。这帮"参观者"，居然在酷热的天气里穿着厚厚的大衣和斗篷，顺走了宫里大大小小多件文物，如玉玺、勋章、项链、钟表等，甚至连宫里养的哈巴狗也被当作战利品抱走了。三大殿台基上的八口鎏金铜缸，既是宫中的消防储水用具，又是颇具气势的建筑陈设，八国联军进宫后竟用刺刀在上面疯狂地乱刮，直至华美的鎏金层完全剥落，见图 4-41。这些刺刀伤痕，成了中华民族近代史伤痕的一部分。

此后，紫禁城的水缸再次遭灾是在 1917 年。时年 6 月，张勋借口调停段祺瑞、黎元洪之间的矛盾，率领 5000 "辫子兵" 开进紫禁城，逼迫黎元洪解散国会。6 月 30 日，张勋等人悄悄跑到了紫禁城里去觐见溥仪，谋划请溥仪重新登基，恢复帝制。7 月 1 日凌晨，溥仪被拥重登皇室宝座。张勋、康有为率领复辟群臣入朝觐见，溥仪以皇帝名义颁发九道 "上谕"，宣布恢复清朝，皇帝重新归位。张勋复辟激起全国各派势力的联合讨伐。7 月 11 日，南苑航空学校奉国务总理段祺瑞之令派飞机轰炸，轰炸目标是辫子军在丰台的阵地、张勋在南池子的住宅、紫禁城乾清宫。轰炸的飞机是法国制造的双座教练机。此机除了教学外只能作观测用，需要乘员从机舱里用手往外投掷手榴弹。

12 日下午 3 时，航校奉命参加战斗。飞行教官潘世忠亲自驾驶该校最大马力飞机，由学员杜裕源担任投弹手，载着炸弹 3 枚（各 10.9 斤），去轰炸溥仪所居的紫禁城。飞机在紫禁城内距离

▲ 图 4-41　北京故宫太和殿前的铜缸刀痕累累

地面 300 米高度超低空飞行，既无投弹仪器，又无瞄准机。杜裕源手持炸弹，先以牙齿咬掉炸弹保险针，然后寻找合适的地面目标，伺机投下。杜裕源后来有这样的回忆：我校于 12 日下午 3 时奉令参加作战，先派飞机 1 架去炸皇宫，带炸弹 3 枚。每弹重量 10.9 斤。第一枚爆炸，炸死太监 1 人，小狗几只；第二枚炸毁大缸 1 个；第三枚炸弹未经爆炸而溥仪已大为恐慌，曾命世续与我校之临时司令部通一电话，说"请贵校飞机不要进城，我们皇帝是不愿做了"等语……炸过皇宫后，继又派飞机 1 架，带炸弹 2 枚炸南池子张勋住宅。第一枚炸毁大鱼缸 1 个，缸崩裂，水花乱飞；第二枚炸毁张勋住室，砖瓦尘土乱飞。张勋惊恐万分，不知所措，随即让荷兰使馆派汽车一辆，同秘书长万绳栻逃入荷兰使馆……

紫禁城水缸遭受的最大一次劫难，是在 1945 年。此时日本在侵华战争中走向颓势。由于武器的供应严重不足，为了扩大生产武器弹药的规模，日军在中国占领区内疯狂搜刮铜、铁等金属资源，以供其制造枪炮之用。据档案史料记载，1942—1945 年间，日军在北京发动了三次"献铜运动"，即号召北京市市民和各个机构捐献铜类材料。伪北京特别市政府为了更好地完成"献铜"任务，1942 年专门成立了"大东亚战争金品献纳委员会"，负责搜刮公有和民间的铜品、铜物。各机关、厂矿、学校、商店以及市民家中的铜品早已搜罗殆尽。被逼迫的市民无奈只得四处搜集，交出铜佛像、铜门把手、铜墨盒、铜钱币、铜徽章等一切铜制品，完成缴纳指标。第一次大规模"献铜"运动，始于 1942 年 10 月 20 日，以一个月为限。随后，日军又于 1943 年 8 月 24 日开展第二次"献铜"运动。1945 年，战争进行到最后阶段，日军的掠夺也更加疯狂了。3 月 29 日，日本北京陆军联络部又致函伪北京特别市政府，要求在北京开展第三次"献铜"运动。侵华日军北京陆军联络部致函伪北京特别市政府，要求"献纳（供出）各自存有之一切铜类，以资直接增强战力，藉以实现大东亚共荣圈之确立"。12 月 7 日，时任故宫博物院院长马衡报告："案查本院被征用之铜品 2095 市斤，

计铜缸66口，铜炮1尊，铜灯亭91件外，尚有历史博物馆铜炮3尊。本院之铜缸及历史博物馆之铜炮，系由北支派遣军甲第1400部队河野中佐于三十三年（1944年）六月十九日运协和医院，该部队过磅后，运赴东车站，闻系装车运往朝鲜。"

如今的紫禁城，现存大缸231个，分布于紫禁城中轴线上的铜（铁）缸，其主要功能已经不再是防火，经历了岁月的洗礼之后，这些水缸成了紫禁城历史文化的重要组成部分，并且得到了妥善的保护。

紫禁城水缸满足了紫禁城的防火需求，成为紫禁城古建筑群保存至今的重要安全保障。紫禁城的水缸工艺精湛，造型别致，与紫禁城中精美的建筑相统一。同时，紫禁城水缸沧桑的命运，又是紫禁城本身沧桑历史的印证。如今我们会更加珍惜这来之不易的文化遗产，更好地保护和修复它们，让它们成为紫禁城历史、文化和艺术和谐统一的重要内容。

第五章

科学保护

一 古建筑木结构抗震构造的评估方法

我国的古建筑以木结构为主，在构造上主要由基础、柱子、斗拱、梁架、屋顶等部分组成（图5-1），其中，梁与柱采取榫卯节点形式连接。千百年来，这些古建筑历经了各种地震灾害而保存完好，体现了其良好的抗震构造。如柱子与基础可产生滑移隔

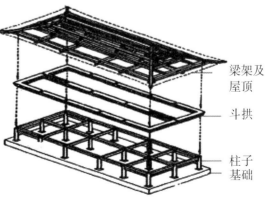

▼ 图5-1 中国古建筑木结构构造

梁架及
屋顶

斗拱

柱子
基础

震作用,柱子侧角可减小水平地震力作用,榫卯节点和斗拱可产生减震耗能作用,低矮的梁架与厚重的屋顶可保证结构的稳定性,等等。

▲ 图5-2 四川省广元市剑阁县觉苑寺大雄宝殿震害

虽然古建筑木结构的构造有利于抗震,但是当木结构出现问题(如构件开裂、节点拔榫等)而又未得到及时解决时,古建筑的抗震能力将受到影响,在地震作用下的震害会加剧。如图5-2所示的四川广元市觉苑寺大雄宝殿,在2008年汶川地震中破坏位置达56处,其中某柱子的最大倾斜值达0.22米。而相关资料表明,与该柱子相连的榫卯节点在震前就有严重的拔榫问题,由于未得到及时的加固,因而使得震害加剧。此外,现有的关于中国古建筑木结构构造的力学研究侧重于研究抗震的优越性,对典型的抗震构造问题研究很少。为解决上述问题,本章首先探讨古建筑木结构抗震构造的评估方法,然后基于大量古建筑勘查结果,对以明清时期为主的古建筑木结构的典型抗震构造问题进行归纳汇总,分析原因,提出加固建议,为古建筑抗震加固提供参考。

目前我国古建筑木结构抗震构造评估的主要依据为《古建筑

木结构维护与加固技术标准》（GB/T50165—2020），参照相关内容，故宫古建筑木结构抗震构造评估内容主要包括如下几个方面：

（1）柱子：柱子抗震构造评估的部位主要包括柱根和柱身两个部分。其中，柱根浮放在柱顶石上，在柱顶石的外侧，还留有柱根滑移的距离，以确保地震作用下柱根滑移后仍保持在柱顶石上。为满足柱子抗震构造的要求，一般来说，柱根与柱顶石的接触面积宜大于柱根原截面面积的3/4；为避免柱础错位造成柱根在一个方向的滑移距离偏小，柱础错位的尺寸不宜大于柱径的1/10。从材质上讲，糟朽易造成柱子的有效承载截面面积减小，使得柱根产生折断或柱中产生过大变形，影响结构的受力，因此其糟朽部分截面尺寸不宜大于柱截面面积的1/7；木材裂纹实际是木材干缩或受剪、压、弯扭破坏产生开裂，结果可能会减小木材有效受力截面，增大木材被破坏的可能性，因此裂缝不得出现在构件的受剪面上，在受剪面附近的裂缝长度不宜超过柱径的2/5或材料宽度的1/3。此外，柱身不能有虫蛀孔洞或损伤的迹象，且柱身加固部位应保持良好。

（2）承重梁：承重梁的抗震构造评估包括梁的材质、变形、

▼ 图5-3　承重梁

梁身损伤及历次加固现状等。典型承重梁如图5-3所示。从材质角度讲，梁身不允许有虫蛀问题；为避免梁糟朽造成的有效受力截面面积减小，梁糟朽截面面积不宜大于梁截面面积的1/8，且在端部不应有腐朽问题；为避免梁身开裂降低承载力，其开裂尺寸容许范围同柱。从变形角度

讲，为避免梁的竖向挠度过大造成开裂破坏等问题，当梁高 h 不大于梁长 l 的 1/14 时，梁的竖向挠度最大值不宜超过 l/150；当 h/l>1/14 时，挠度最大值不宜超过 l^2/2100h；为避免梁产生侧向挠曲，其侧向挠度的尺寸不宜大于 l/200。从损伤角度讲，梁身不应有跨中断纹开裂、梁端劈裂或人为破坏造成的损伤。此外，原有对梁采取的各种加固措施应保持完好。

▲ 图 5-4 榫卯节点

（3）榫卯节点：榫卯节点是中国古建筑木结构梁与柱连接的特有方式，即梁端做成榫头形式，插入柱头预留的卯口中（图 5-4）。地震作用下，榫头与卯口之间的相对摩擦和挤压可耗散地震能量，然而榫头从卯口中拔出尺寸过大时，将降低梁与柱之间的拉结，很可能引起结构整体失稳。因此，节点拔榫的尺寸应严格受到限制，为满足抗震构造要求，榫头从卯口拔出的尺寸不应超过榫长的 1/4。另从材质角度讲，为避免榫头截面因受力截面不足而产生破坏，榫卯节点不应有虫蛀、开裂或糟朽问题。此外，如果榫卯节点位置有加固铁件，要求不能有严重锈蚀，以确保铁件能发挥加固作用。

（4）斗拱：斗拱由斗、翘、升等构件沿竖向叠合而成，各个构件之间也采用榫卯形式连接，典型斗拱照片见图 5-5 所示。斗拱不仅支撑上部梁架和瓦顶，将上部荷载传递给柱子，而且其分层构造犹如弹簧，在地震作用下这些构造之间的摩擦和挤压可产生减震作用。当任一构件失效时，斗拱整体性要受到影响，不仅容易造成上部结构变形，而且不利于斗拱整体产生减震作用。为保证斗拱具有良好的抗震构造，其材质不能有虫蛀、糟朽或开裂问题，各构件不能有松动、歪闪或错位问题，分层构件之间的榫卯连接应完好牢固。

▲ 图 5-5　斗拱

（5）木构架整体性：木构架整体性的抗震构造评估包括构架整体倾斜、局部倾斜、构架间的连接情况等。木构架整体倾斜尺寸过大时，地震作用下易造成结构整体失稳。因此，木构架在构架平面内的倾斜尺寸不宜超过 $h_0/250$（h_0 为构架高度）；在构架平面外的倾斜尺寸不宜超过 $h_0/350$。木柱局部倾斜尺寸过大时，地震作用下易造成构架局部变形过大而产生破坏。因此木柱柱头与柱脚的相对位移量不宜超过 $h_1/150$（h_1 为木柱高度）。此外，为保证纵横构件之间的拉结性能，木构架间的联系应牢固可靠或有良好的加固措施。

（6）屋顶：屋顶抗震构造的评估对象主要包括椽条、檩、枋、垫板三件、瓜柱、角梁及屋顶饰件等，评估内容包括材质、变形、连接及锚固情况等。为满足抗震构造要求，上述组件首先应保证材质良好，不能有糟朽或虫蛀问题，开裂尺寸容许范围与梁、柱相同。其次，为避免屋顶过大的变形，对于椽子而言，其挠度不宜大于椽跨的 1/100；对于檩三件而言，其跨中挠度不宜超过 $l_0/90$（l_0 为檩子的计算长度，$l_0 < 4.5$ 米）或 $l_0/125$（$l_0 > 4.5$ 米）。此外，椽子端部、檩三件端部、角梁后尾及屋顶饰件都有可靠的固定措施，檩三件在梁架上的搭接长度宜大于 60 毫米。

（7）墙体：古建筑木结构的墙体主要包括槛墙（指槛窗下墙

体）及山墙。墙体的构造特征为采用低强度灰浆砌筑，但厚度尺寸大，如故宫神武门的墙体厚度为 1.065 米，这不仅增强了结构的整体性，而且可发挥剪力墙作用，抵消部分水平地震产生的不利影响。墙体的抗震构造评估内容主要包括砖风化、倾斜、开裂等。为保证墙体抗震构造要求，对砖风化而言，一般来说，每米范围内砖的风化深度宜小于墙体厚度的 1/6，且墙体风化的部位应能得到及时修补；对墙身倾斜而言，其尺寸不宜超过墙高的 1/300；另外，墙体不应有因地基变形或受力破坏产生的裂缝。

一般来说，古建筑木结构抗震构造评估主要有如下几种方法：

（1）目测法。主要是指采用眼观方法对古建筑进行抗震构造评估。目测法适用于构件糟朽、虫蛀、风化、节点或连接松动等表面现象比较明显的抗震构造问题，该方法具有直观了然的特征，是古建筑抗震构造评估方法中最普遍、最传统的方法，有经验的技术人员采用目测法即可迅速对古建筑构件的抗震构造的合理性进行判断。

（2）尺量法。即主要采用盒尺、直角板等工具测量构件变形、裂缝等尺寸，以判断是否满足规范容许的抗震构造要求。该方法具有操作简单、测量方便等优点，可快速判断部分构件现状是否满足抗震构造要求，也是古建筑木结构抗震构造判断的传统方法之一。

（3）阻力仪法。该法属木结构无损检测方法之一。对于木构件内部无法用肉眼判定的空洞、糟朽、开裂等抗震构造问题，可采用阻力仪法判定。检测时需要用一根直径为 1.5 毫米的探针探测木材内部，检测时记录木材探测过程中所受到的阻力，其大小随各材料密度的不同而变化，生成不同峰值的曲线，根据检测得到的阻力曲线，可以判断木材内部的腐朽状况及材料特征。

（4）应力波法。这是用于无损检测木构件内部抗震构造问题的另一种方法。所采用的应力波扫描仪也是由德国 Rinntech 公司生产，为脉冲式树木断层成像仪，该系统主要由 Arbotom 分析软件、

24 个传感器、Arbotom 控制器、小锤以及相应的附属部件组成，目前主要用于古建筑木结构内部材质状况的监测。它可以同时检测多个不同位置的木材断面的状况，得到不同位置、不同截面的断层扫描图，经计算机加工可以形成三维立体图，能直观地显示被测木材内部的基本状况。

（5）三维激光扫描法。对于古建筑结构整体或者不易测量部位的变形测定，可采用三维激光扫描法。三维激光扫描技术区别于传统的单点定位测量、点线测绘技术及照相测量技术，它可深入任何复杂的现场环境中快速完成实体表面数据点的扫描测量工作，获得大量精确、密集的三维坐标点云数据，并将这些复杂的、不规则的三维数据完整地采集到电脑中，进而构建出反映结构实际变形状况的实体表面的三维模型。图 5-6 为应县木塔正立面照片与三维激光扫描影像对比资料。三维激光扫描不需接触被测

（a）照片　　　　　　（b）扫描影像

▲ 图 5-6　山西省应县木塔照片与三维激光扫描影像

物体，减小了对文物的损害和对文物建筑正常使用的影响，并保证技术人员的安全。

（6）有限元法。根据古建筑木结构的构件及节点实际情况，建立有限元模型，从理论上对结构构造在所处环境的抗震设防烈度下的抗震性能进行评估。一方面，通过静力分析可获得地震作用下古建筑结构的变形和内力分布情况及最大值，以判断结构现有条件

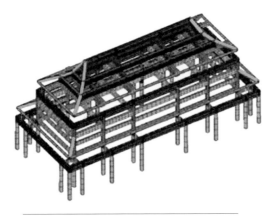

下构件截面尺寸是否满足要求；另一方面，通过动力分析可获得结构的振动特性及地震实时响应情况，以便用于检验、分析结构或构件抗震构造问题及产生的原因，为采取抗震加固技术措施提供技术资料。图 5-7 为故宫神武门有限元模型，通过分析可对其抗震构造进行评估。

（7）试验法。通过现场试验或模型试验来对结构抗震构造进行评估。现场试验主要通过环境振动测试来获得古建筑的自振频率和振型，或者通过周期性地震振动加载，获得古建筑响应的位移和加速度，借以判断古建筑容易产生变形或破坏的部位。模型试验主要为制作缩尺比例的古建筑简化模型，通过低周反复加载试验或振动台试验来研究或分析古建筑木构件或节点的抗震性能。如考虑某古建筑榫卯节点连接实际情况的低周反复加载试验，以评价节点的抗震性能。

下面介绍几个评估实例：

实例 1：故宫乾隆花园延趣楼抗震构造评估。延趣楼位于故宫乾隆花园第三进院落西侧，建于 1772 年，上下两层，连廊面阔 5 间，进深 3 间，长 14.06 米，宽 6.59 米，高 10.29 米，属歇山卷棚顶式重檐建筑，其立面照片见图 5-8。基于前述方法对延趣楼进行抗震构造评估，结果见表 5-1 所示，易知延趣楼除部分构件存在开裂问题外，抗震构造基本较好。

▲ 图 5-8　北京故宫延趣楼立面

表 5-1 北京故宫延趣楼抗震构造评估结果

评估部位	评估内容及结果			
	材质开裂	变形	损伤	加固现状
柱	柱身开裂 2 处	许可范围内	无	无加固
梁架	梁身开裂 2 处	许可范围内	梁端劈裂 1 处	无加固
梁柱节点	良好	拔榫 1 处	无	良好
斗拱	良好	许可范围内	无	无加固
屋顶　椽望	良好	许可范围内	无	无加固
屋顶　檩三件	9 处位置轻微开裂	许可范围内	檩枋劈裂 1 处	开裂 3 处
屋顶　角梁	良好	许可范围内	无	无加固
屋顶　瓦面	良好	固定良好	无	无加固
墙体	良好	许可范围内	无	无加固
木构架整体性	良好	许可范围内	连系梁开裂 4 处	良好

实例 2：四川省广元市剑阁县觉苑寺大雄宝殿抗震构造评估。大雄宝殿建于 1457 年，面阔五间，共 15.95 米，进深三间，共 13.11 米，屋顶为单檐歇山做法，属抬梁式建筑，通高 11 米，建筑面积 204 平方米。2008 年 7 月，技术人员对遭受汶川地震后的大雄宝殿进行了抗震构造评估。经勘查，大雄宝殿共出现抗震构造问题 56 处，含柱子倾斜 9 处，梁架拔榫、歪闪 21 处，墙体开裂 13 处。

采用三维激光扫描仪对大殿进行扫描，整理相关数据可得大雄宝殿的最大柱头侧移值为 0.22 米，榫卯节点拔榫最大值为 0.08 米。根据结构实际变形及拔榫情况，建立大雄宝殿有限元模型。通过模态分析获得结构的主振型；通过按当地抗震设防烈度（7 度）作用分析获得某典型节点的位移响应曲线。易知大雄宝殿的主振型表现为水平面转动，位置在挑檐檩与前后檐榫卯节点处，而上部梁架几乎保持不动，与勘查的拔榫问题基本吻合。另一方面，所选节点的 y 向位移峰值达 0.072 米，已超出《古建筑木结构维护与加固技术标准》（GB/T50165—2020）规定的容许值，因此结构现状从总体上不满足抗震构造要求。

二　古建筑震害调查分析

　　我国的古建筑主要以木材为原料建造而成。从构造上讲，我国的古建筑主要由基础、柱子、斗拱、梁架、屋顶等部分组成。千百年来，它们能够历经各种自然灾害而完整保存下来，这与木材良好的抗弯、抗压及抗震性能密切相关。然而，由于木材又有徐变大、弹性模量小、易老化变形等缺点，这使得在地震作用下古建筑容易产生不同形式的破坏。以2008年汶川里氏8.0级地震为例进行说明。2008年5月12日14时28分，在我国四川省汶川映秀镇发生了里氏8.0级特大地震，震中最大烈度达11度，影响了包括震中50千米范围内的县城和200千米范围内的大中城市，造成了大量的人员及财产损失，是中华人民共和国成立以来在我国大陆发生的破坏性最为严重的地震。我国的古建筑以木结构为主，其他还有砖石及砖木结构等形式。此次汶川地震对我国的古建筑也造成了巨大的破坏。据初步统计，仅四川省就有83处全国重点文物保护单位和174处省级文物保护单位遭受不同程度损失。其中，全国重点文物保护单位彭州市领报修院垮塌；二王庙片区山体滑坡，秦堰楼下沉，戏楼、厢房、52级梯步、照壁、三官殿、观澜亭、疏江亭、前山门等建筑和围墙全部垮塌；伏龙观所有古建筑屋脊、屋瓦全部损坏，木结构断裂，建筑严重倾斜，地面开裂下沉。其他省市如山西、甘肃、陕西、云南、湖北、重庆等地的古建筑也遭受了一定程度的破坏。为保护古建筑，下面将对汶川地震造成的古建筑损坏状况进行统计分析，研究以木结构为主的不同类型的古建筑的典型震害症状，分析震害原因，提出抗震加固建议，将为我国古建筑的保护、修缮及

（a）四川省广元市逍遥楼（木结构）

（b）四川省彭州市法藏寺某建筑（木结构）

（c）四川省都江堰市秦堰楼（木结构）

（d）四川省彭州市领报修院（砖木结构）

▲ 图5-9　古建筑震害分类

加固提供有效思路。

　　古建筑根据破坏的程度，可分为如下四种震害状况：

　　（1）扰动：受震时，古建筑柱脚侧移小，墙壁出现细小裂缝或小块剥落，梁柱节点仅个别松动或拔榫，梁架完好，瓦面基本没有掉落现象，结构不需修复或仅需稍做修复即可正常使用，如图5-9（a）所示。

　　（2）损坏：在地震作用下，古建筑的薄弱部分有损坏，柱脚产生侧移，墙体出现明显裂缝，个别砌体局部崩塌，部分梁柱节点产生拔榫、断榫，梁架出现轻微歪闪，屋面瓦面、脊件有明显掉落现象，需要进行局部修复，但主体结构的性能仍能满足正常使用要求，如图5-9（b）所示。

　　（3）破坏：在地震作用下，古建筑柱脚移动，墙体有明显开裂或倒塌现象，梁柱节点拔榫、断榫现象严重，部分梁架产生歪闪，瓦面大部分掉落，主体结构力学性能受到严重影响，需要进行落架大修，如图5-9（c）所示。

　　（4）倒塌：这种情况下，古建筑出现墙体大部分倒塌，梁架显著倾斜或倒塌，瓦面基本掉落，主体结构完全不能满足正常使用要求且无法修复，需要复建，如图5-9（d）所示。对不同类型古建筑进行震害评估时，可参考《古建筑木结构维护与加固技术标准》（GB/T50165—2020）及《建筑抗震设计规范》（GB50011—2010）等相关规定进行。

　　木结构古建筑具有良好的抗震性能，在中、低烈度的地震作用下具有易损坏性，大多表现为屋面系统构件或围护墙、山墙的破坏，震害相对较轻，而在9度及以上的强震作用下，其主体构架大多也能保持稳定，不致倒毁。汶川地震对木结构古建筑造成的典型震害有地基破坏、柱底侧移、柱身倾斜、节点拔榫、装修开裂、梁架歪闪、瓦件掉落、填充墙破坏等。

　　（1）地基破坏。当古建筑选址在河道、粉砂土层或潜在滑坡地带，施工时却又未做好基底处理时，在地震作用下，很有可能因山体滑坡或地基不均匀沉降而导致地基破坏。图5-10（a）为都江堰市二王庙某古建筑因山体滑坡而产生的地基破坏照片；图5-10（b）为彭州市法藏寺某古建筑因地基未做加固处理而产生的局部倒塌照片。地基破坏是导致古建筑破坏的一个重要因素。

▼ 图5-10　地基破坏

　　（a）四川省都江堰市二王庙某古建筑地基破坏

　　（b）四川省彭州市法藏寺某古建筑地基破坏

（a）四川省广元市觉苑寺西厢房柱底侧移　　（b）四川省彭州市法藏寺某古建筑柱底侧移

▲ 图5-11　柱底侧移

（2）柱底侧移。古建筑木柱柱底一般浮搁于柱顶石上，可产生滑移减震的效果。但是在地震作用下，柱底剪力小于水平地震力时，柱底往往会产生侧移现象。尺寸过大的侧移使柱顶石偏心受压，使柱顶石处于不利的受力状态，同时对结构整体稳定性也有不利影响。图5-11（a）为广元市觉苑寺西厢房某柱底侧移照片，在地震作用下，该柱底侧移尺寸已达13厘米，需要进行加固。图5-11（b）为彭州市法藏寺某古建筑柱底侧移照片，水平地震力将部分柱子推离柱顶石，使建筑物的整体稳定性受到了不利的影响。

（3）柱身倾斜。柱身倾斜也是木结构古建筑的主要震害之一。在地震作用下，当柱底产生侧移或梁柱节点松动时，柱身会产生侧移。广元市觉苑寺观音殿某柱，在地震作用下该柱头向东倾斜18厘米；广元市觉苑寺大雄宝殿某柱，在地震作用下该柱头向南倾斜22厘米，向东倾斜8厘米。柱身倾斜尺寸过大将导致屋顶倾覆，因此需要进行加固。

（4）节点拔榫。古建筑木结构梁柱大都以榫卯形式连接。榫卯连接的优点在于：在地震荷载作用下，榫和卯通过摩擦滑移与挤压变形进行耗能，减小结构的地震响应；然而榫卯节点的拔拉造成节点自身刚度退化，使梁柱节点形式由刚接向铰接过渡，在这种情况下，拔榫很可能造成结构局部失稳，影响构架的整体稳定性。图 5-12（a）为广元市觉苑寺观音殿某穿插枋拔榫照片，地震作用下，该节点拔榫尺寸达 8 厘米；图 5-12（b）为都江堰市青城山黄帝祠某穿插枋节点脱榫照片，脱榫使得檐柱与金柱的连系中断，对结构抗震产生不利影响。

（a）四川省广元市觉苑寺观音殿某梁柱节点拔榫

（b）四川省都江堰市青城山黄帝祠某梁柱节点拔榫

（5）装修破坏。古建筑的装修构件主要指门、窗、隔板等部位的非承重构件。由于这些构件尺寸相对较薄，所以在地震作用下容易脱离主体结构而产生破坏。广元市觉苑寺逍遥楼二层某窗台在地震中遭受破坏，该场地的地震烈度为 6 度，窗台板及门板仅产生轻微开裂；彭州市法藏寺某古建筑隔板在地震中遭受破坏，该场地的震害烈度约为 8 度，地震作用下部分隔板已产生破坏。

（6）梁架歪闪。木结构古建筑梁架搁置在柱顶或斗拱顶上，在地震作用下，梁架随着柱身侧移容易产生歪闪现象。广元市觉苑寺逍遥楼某梁架局部歪闪，经勘察，该位置梁架由于童柱的倾斜而向南歪闪 4 厘米；广元市觉苑寺观音殿某梁架在地震中遭受破坏，在地震作用下，该梁架向东歪闪 12 厘米。梁架歪闪对结构的整体稳定将产生不利影响，需要进行加固。

（7）瓦件脱落。由于地震波在建筑物屋顶具有放大作用，缺乏

▼ 图 5-13　瓦件掉落

（a）甘肃省天水市玉泉观某古建筑屋顶吻兽开裂

（b）四川省都江堰市伏龙观屋顶瓦面破坏

牢固连接屋面的瓦件、脊饰在地震作用下，很容易产生掉落现象。图5-13（a）为甘肃天水市玉泉观某古建筑屋顶震害局部照片，该地区距震中200千米，在地震作用下吻兽与垂脊之间已产生裂缝，吻兽出现歪闪。图5-13（b）为距震中20千米的都江堰市都江堰离堆北端的伏龙观，在地震作用下，瓦面掉落严重，屋顶震中的脊饰构件已被震落。

（8）填充墙破坏。古建筑木结构的维护墙砌筑在木构件之间，属非承重构件。填充墙主要采用砖石、砖土等砌体材料堆砌而成。由于这些建筑材料本身的抗拉、抗压、抗剪的强度差，加上墙体本身缺乏与木构架的拉结，因此在地震作用下很容易产生开裂、倒塌等破坏现象。图5-14（a）、图5-14（b）分别为江油市云岩寺某檐墙及平武县报恩寺某山墙破坏照片。由图可知，在地震作用下，砌体填充墙均已产生局部倒塌。

古建筑除了木结构外，还有砖木、砖石类等结构类型。其中，砖木结构主要以砖土材料作为承重构件，屋顶采用木构架。与木结构相比，砖土承重材料的抗拉、抗压、抗剪强度相对较差，在地震中很容易出现倒塌现象。图5-9（d）所示的领报修院，位于

（a）四川省江油市云岩寺檐墙　　　　（b）四川省绵阳市平武县报恩寺山墙

🔺 图 5-14　填充墙破坏

彭州市白鹿镇以北 2.5 千米的回水村，建于 1895 年，属中西结合砖木结构，在汶川地震作用数秒后即产生倒塌。

砖石结构主要以塔类形式表现为主，典型震害特征有：

（1）塔体倾斜。砖石古塔的自重大，对地基的变形敏感。当塔的地基薄厚不均时，地基在地震作用下易产生不均匀沉降而导致塔身倾斜。

（2）塔身震断。塔高远大于塔身宽度且结构整体性较差的古塔，在水平地震作用下，因水平侧移较大而产生塔体局部折断或整体垮塌，如图 5-15（a）所示的绵阳市盐亭县笔塔。

（3）塔体震裂。砖石古塔因砌体的抗拉强度低，在地震作用产生的拉力作用下易产生开裂，如图 5-15（b）所示的都江堰市奎光塔。当然，砖石结构也有抗震性能良好的例子。

（a）四川省绵阳市盐亭县笔塔　　　　（b）四川省都江堰市
　　　（塔身震断）　　　　　　　　　　奎光塔（塔体震裂）

🔺 图 5-15　砖石古塔典型震害

233

如分布于汶川县、茂县、理县等地数座具有千年历史的藏羌碉楼，在汶川地震中仅仅表现为局部受损，其抗震机理值得我们学习和研究。

经勘查分析，古建筑木结构产生震害的主要原因有：

（1）地震烈度过大。汶川地震的震中烈度达11度，具有极强的破坏力。地震时强烈的竖向和水平地震作用是木结构破坏的一个主要原因。由于古建筑承重木料选取时一般未做抗震计算，大部分由工匠凭经验选料，部分木构件截面尺寸过小，导致地震作用下产生折断或过大变形，或榫卯节点的连接无法承受如此大的地震力而导致拔榫、断榫，使得古建筑产生严重的破坏。

（2）木结构缺乏及时的修缮。部分木结构建筑年久失修，曾因糟朽、虫蛀、挠度等原因已经产生了柱底侧移、梁柱节点拔榫、柱身侧移、开裂、梁架歪闪等问题，使得木构架强度及稳定性能降低，但是由于缺乏及时的修缮与加固，在地震作用下破坏加剧。

（3）施工问题。当古建筑选址在不良地基上时，如果未对地基进行加固处理，在地震作用下，古建筑将因地基不均匀变形而破坏；立柱放在柱顶石上而与柱础的连接不牢固时，柱底摩擦力会小于水平地震剪力，使得柱根错位或滑移脱落，导致木柱支撑失效引起主体构架倒塌；装修构件及维护墙属非承重构件，在施工时往往在主体构架安装完成后进行，因此缺乏与主体构架的拉结而易导致震坏；此外，由于墙体与木构架的自振特性不同，在地震中产生的位移也不相同，因此会引起墙体开裂、错位甚至倒塌；当榫卯节点安装不严密时，在地震作用下，很容易产生拉榫、折榫现象，导致木构架局部破坏或全部塌落。墙体、瓦面与基层黏结不牢时，在地震作用下将产生掉落现象。

砖木结构古建筑采用砖砌体承重，而屋顶采用三角形木屋架，檩条上直接干铺小青瓦或大机瓦。由于纵横墙之间没有可靠的拉结，屋架直接搁置在纵横墙上，屋架端部支座没有设置支柱或垫梁，也没有设置保证屋架平面外整体稳定的支撑，因此这类结构的整体稳定性与牢固性差。砖木结构在自重作用下不会产生破坏，但是，在水平地震作用下，这类结构易发生承重墙体平面歪闪，导致局部倒塌或整体倒塌等严重震害。

砖石古塔建筑缺乏抵抗水平地震作用的拉结构件，耗散变形能量的能力较低，此类古建筑很多采用土砌，外包砖石，结构性差，在地震作用下，外包砖石易开裂、脱落，而内部土体并无抗震能力，导致在低烈度区即产生开裂、酥散以至坍毁的震害。砌筑砖石所采用的砂浆、砌体强度低，使结构也易产生受拉、受剪破坏。此外，古塔建造地基选址不当而未做地基加固处理时，也容易产生震害。

研究表明：保养得当的木结构古建筑能抵抗裂度 9 度的地震。因此，对木结构古建筑来说，日常保养和修缮极为重要。对已经发现的基底变形问题，可采用木桩或换土法进行加固；对柱底侧移问题，可增设与基底连接的铁件进行加固；对已经糟朽的梁、柱构件，应及时进行更换；对已松动的榫卯节点可采用铁件加固；对已产生变形的梁柱构件，可采用支顶方法进行加固；另从施工角度考虑，为减小装修构件的破坏，施工时可采用暗销与承重木构架进行拉结；为减小地震作用下产生的墙体、屋面瓦件的破坏，修缮时可增加泥浆的黏结强度，墙体与木柱间可设置铁件拉结，而对于吻兽等屋顶构件可增设铁链与屋面板固定。为提高砖木结构古建筑的抗震性能，其墙体不能太高，以减轻墙体的振动幅度，外墙四角及内外墙交接处，宜增设构造柱或圈梁进行加固；木屋架与砖墙顶间应设置木梁垫，使墙体受力均匀；木屋架与墙顶间应设置铁件进行拉结，以提高砖木结构的整体刚度。

对于砖石古塔类古建筑，除保证修旧如旧外，为提高砖石砌体的延性，可外加钢筋混凝土柱；为提高结构的稳定性和减少不均匀沉降，可在适当部位增设暗圈梁；对受力薄弱部位，应增设水平拉结构件进行局部加固；对已破坏的砌体部位，可采用锚固、补砌、灌浆等措施进行加固，加固选用高强度砂浆进行补砌，也可设置钢拉杆进行加固；古塔顶部为防止鞭梢效应，应与塔体牢固连接。

三 　我国古建筑的典型残损与保护方法

　　我国的古建筑以木结构为主，在构造上主要由基础、柱子、斗拱、梁架、屋顶等部分组成，其中，梁与柱采取榫卯节点形式连接。千百年来，它们历经了各种外力作用而保持完好，体现了良好的力学稳定构造。虽然古建筑木结构的构造有利于抵抗外力，但是当这些构造出现问题（如构件开裂、节点拔榫等）而又未得到及时解决时，结构的可靠性能要受到影响。本节基于大量古建筑勘查结果，对以明清时期为主的古建筑木结构的残损（即无法满足正常受力或正常使用要求）问题进行归纳汇总，分析原因，提出加固建议。本节分为六个部分，以故宫古建筑为主要研究对象，分别讨论柱、梁、檩三件、榫卯节点、斗拱、墙体的典型残损问题和加固方法。

（一）木柱

　　从构造组成来看，故宫古建筑主要由以下几个部分组成：大木构架（含梁、柱、斗拱、梁架，其中梁与柱采用榫卯节点形式连接）、基础及墙体。柱子作为古建筑大木结构的重要承重构件之一，主要用来垂直承受上部传来的作用力。柱子按位置、功能等不同，一般可分为檐柱、金柱、中柱、山柱、童柱等。图 5-16 所示的某古建筑剖面图可说明各类

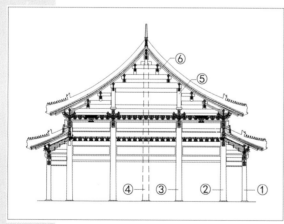

①檐柱 ②外金柱 ③里金柱 ④中柱（山柱）
⑤童柱 ⑥瓜柱

▲ 图 5-16　古建筑木柱分类

柱子的名称及功能（虚线为笔者加，用于说明中柱及山柱的定义）。古建筑大木柱子的柱径约为柱高的1/10，截面尺寸在一般情况下可满足受力要求。此外，梁架内的瓜柱，一般用于承担上部梁传来的力，且它的高度大于本身的宽度，也可认为是一种柱子。

由于木材具有易糟朽、易开裂等问题，在长时间自然或人为因素作用下，古建筑木柱会不可避免地出现残损（即处于无法正常受力、不能正常使用或濒临破坏的状态），使得结构的整体稳定性或承载能力无法得到保障。基于此，很有必要对古建筑进行结构残损调查、统计和分析，并评价结构安全现状。古建筑结构的安全评估、维护保养及抗震加固等工作均建立在对其进行现状残损评估的基础上。本研究采用调查、统计方式对故宫古建筑木柱的典型残损问题进行归类汇总，开展讨论和分析，依据不同的残损问题提出相应的加固方案，结果可望为我国古建筑保护和维修提供理论参考和技术支持。

1.评估内容

按照《古建筑木结构维护与加固技术标准》（GB/T50165—2020）的相关规定，木柱残损评估内容包括如下几个方面：

（1）材质的腐朽程度应在许可范围内。柱子腐朽是指柱子内部由于受到微生物（如木腐菌）的破坏，出现材质疏松、呈粉末状、空洞等问题，并导致其受力性能产生退化的残损状态，见图5-17（a）。（2）沿柱长任一部位不能有虫蛀孔洞，见图5-17（b）。深度自10毫米以上的大虫眼、深而密集的小虫眼以及蜂窝状的孔洞，将破坏木柱的完整性，并使木材强度和耐久性降低，是引起木材变色和腐朽的主要部分。（3）木材材质无明显天然缺陷。即在柱的关键受力部位，如木节、扭（斜）纹的干缩裂缝的尺寸应在许可范围内。裂纹破坏了木柱的完整性，降低了其强度，同时也是木腐菌侵蚀木材的主要通道，因此应予以控制。（4）柱的弯曲变形应在许可范围内。柱的弯曲包括柱子天然弯曲及外力作用下产生的弯曲。柱弯曲尺寸过大时，容易产生偏心受力，有可能导致柱子失

稳或折断，从而威胁结构整体安全。（5）柱底与柱顶石之间的接触面积应满足最小值要求。即指柱子与柱顶石之间有充分的接触面积，见图5-17（c），且在外力作用下（如地震）柱底产生一定量的滑动后仍能立在柱顶石上，这样可避免因柱底缺乏可靠支撑导致柱子产生倾斜、歪闪而诱发木构架整体失稳甚至倒塌的问题。（6）沿柱身任一部位无明显损伤如断裂、劈裂或压皱等，见图5-17（d）。即在外力作用下（如地震、人为破坏等）柱子不能受损严重，其主要原因在于上述损伤症状会削弱柱子的整体性，或使得其有效受压截面尺寸减小，或使其处于偏心受力状态，均不利于柱子受力。（7）木柱历次加固现状完好。如图5-17（e）所示某打箍后柱子，加固现状能符合上述要求。

（a）腐朽

（b）蛀孔

（c）底部接触

（d）柱身

（e）加固现状

图5-17 柱子残损评估内容

2. 典型问题

基于对故宫大量古建筑柱子的勘查结果，可归纳出柱子的典型残损问题包括如下几个方面：

（1）糟朽。古建筑木柱有的为露明［如图5-17（d）］，有的则包砌在墙内｛［如图5-17（a）］、［如图5-18（a）］｝。露明的柱子由于通风性能良好，不容易产生糟朽；而包砌在墙内的柱子由于密闭而容易糟朽。古建筑墙体一般缺乏良好的防潮措施，部分墙体材料还吸收地表、空气中的水分，使得墙体潮湿。包砌在墙体中的木柱，长期处在潮湿的环境中，很容易产生糟朽。木柱糟朽一般从柱根和外表皮开始，逐渐由外向内、由下向上蔓延。柱糟朽减小了柱子的有效受压截面，无法保证在外力作用下柱子能提供充分的承载力，柱子易产生折断或歪闪，并有可能导致柱周边构架产生局部失稳，因而是一个较为严重的残损问题。

（2）开裂。柱子裂缝包括自然因素引起的干缩裂缝以及外力作用引起的破坏性裂缝。无论哪种原因产生的裂缝，当其宽度和深度超出一定的范围时，柱子的受力性能就要受到影响。故宫古建筑底部承重柱由于选材严格，且截面尺寸充裕，因而很少出现外力作用引起的破坏性裂缝，其表面的干缩裂缝也一般在许可范围内。位于脊枋下面的脊瓜柱，由于其截面厚度仅为底部承重柱径的1/2，且由于构造原因其截面有严重削弱，其承担的由屋面传来的荷载值与底部柱子相近，因而很容易出现破坏性裂缝，如图5-18（b）所示。脊瓜柱开裂产生的裂缝一般与其受压方向相同，裂缝易造成脊瓜柱处于偏心受力状态，且有效受压截面尺寸减小，使得柱子易产生歪闪，严重影响上部梁架稳定，因而需要及时加固。

（3）柱顶石风化。柱顶石是柱底支撑构件，对古建筑大木结构的稳定性起重要作用。柱顶石要有一定的强度才能使柱子立在上面不产生倾斜，柱顶石应有充足的宽度以保证在外力作用下，柱子产生侧移时还能立在柱顶石上。然而勘查发现，柱顶石风化是故宫古建筑柱子的一个典型问题。由于风雨及空气中的微生物侵蚀，暴

露在空气中的柱顶石很容易产生风化，并出现材质松散、有效截面减小等问题，见图5-18（c）。由于柱顶石的主要功能是承担柱子传来的上部荷载并传给地基，当其截面减小后，柱根很有可能从柱顶石表面脱落，并导致结构局部失稳，对结构安全不利。由此可知，采取可靠措施预防柱顶石风化，或者对已风化的柱顶石采取及时有效的补强措施极为必要。

（4）加固件松动。对部分已出现残损的木柱，故宫采取的传

（a）糟朽

（b）开裂

（c）加固件松动

 图5-18 北京故宫柱子典型残损照片

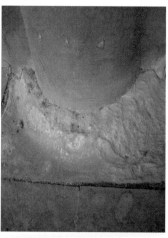

（d）柱顶石风化

统加固材料以铁件为主，加固做法如铁件打箍、包镶等，这是因为铁件材料具有体积小、强度高、加固效果好、施工方便等优点。然而铁件材料的主要弊病为在空气中易锈蚀，即铁件产生了物理体积和化学性质上的缺失和变化。虽然在一定时间内铁件能提供附加承载力以避免木柱的深度破坏，但是铁件历时长久后会产生锈蚀，其加固效果会降低或消失。图5-18（c）所示的扁铁加固件松动，即因扁铁锈蚀产生。加固件松动后，铁件加固作用减弱或丧失，木柱被加固部位的强度和刚度未能得到提高，使得木柱处于非正常受力状态，甚至有可能威胁古建筑大木结构的整体安全。

3. 原因分析

故宫古建筑木柱出现的不同类型的残损问题，其诱发因素是多方面的，概括如下：

（1）材性缺陷。木材虽然有良好的变形和抗压、抗拉性能，但还有抗剪性能差、易开裂、易糟朽、易虫蛀、有木节等问题。木柱材质缺陷产生的主要原因包括生理和病理两方面。前者主要是指有木节，木节是木材在生长过程中产生的；后者主要指糟朽、虫蛀，是生物侵蚀或人为施工、保管不当造成的。还有一方面的原因，即多因素作用的结果，使得木材产生缺陷，如裂纹、抗剪性能差等，需要采取及时有效的加固措施。

柱顶石为石质材料，其易受空气中微生物侵蚀并产生风化，会使自身与柱底的有效接触面积减小，使得木构架的稳定性受到威胁。

对铁件加固材料而言，由于铁件材料长时间在空气中会产生锈蚀，所以铁件会产生连接松动、甚至脱落的现象，使得加固木柱效果降低或失效。

（2）构造原因。故宫古建大木结构的重要构造特点之一是梁和柱采用榫卯节点形式连接，即梁端做成榫头形式，插入柱头预留的卯口中。对底部承重柱而言，由于柱截面尺寸充裕，即使在柱顶开设卯口，柱子剩余截面也能满足抗压承载力要求，因此底部柱很

少出现受压开裂、破坏的问题。但对脊瓜柱而言，其承载截面尺寸小，为满足榫卯搭接的构造要求还需削弱垫板、枋所占位置的尺寸，因而在竖向荷载作用下极易产

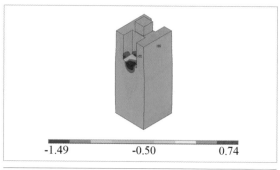

▲ 图5-19　北京故宫乾隆花园抑斋某脊瓜柱剪应力分布（单位：MPa）

生破坏、裂缝。如图5-19为故宫乾隆花园抑斋某脊瓜柱在屋面荷载作用下产生的剪应力分布图（考虑瓜柱底部铰接约束，因此未绘出底部的榫头），应力绝对值越大则表示越危险。易知在脊瓜柱卯口位置的剪应力最大，且应力主要沿卯口及竖直朝下方向分布，与抑斋脊瓜柱实际开裂情况吻合。由此可知，古建筑木柱的构造做法也决定着其是否易出现残损。

（3）工艺原因。对柱糟朽而言，古建筑施工工艺是引起该问题的重要原因。古建筑承载主体是木构架，墙体仅起维护作用，按照古建筑大木施工工艺要求，施工时立大木构架在先，见图5-20（a），其次再砌筑维护墙体。这种工艺做法虽然满足了建筑的使用要求，但是造成部分柱子被包砌在墙体内。有的后檐墙及山面墙体与柱子相交处设有透风，见图5-20（b）。透风是一块有透雕花饰的砖，其作用在于使柱子根部附近的空气流通而使柱根不易糟朽。故宫宫殿的墙体上身和下碱外部的下皮均有透风，以便空气对流。然而对于部分角柱部位的柱子而言，被墙体包砌是没有透风的，见图5-20（c），这使得柱子受潮时，潮湿空气排不出去；或者部分透风因为柱子的变形造成通道堵塞，同样使得柱子处于潮湿状态。在上述因素的综合作用下，与墙体相交的柱子缺乏通风，且受到墙体材料吸附水的制约，长期处于潮湿状态，因而产生糟朽问题。由此可知，古建筑大木施工工艺对柱子糟朽有着重要的影响。

（a）大木立架

（b）有透风墙

（c）无透风墙

▲ 图 5-20　立柱与墙体关系

（4）外力原因。外力原因包括两个方面：一是木柱受到突然增大的外力作用，如地震、大风、暴雪等引起破坏；二是木柱承受的外力不变，但木柱自身的材料强度（即抵抗力）下降引起破坏。正常情况下，木柱一般承受压力的竖向荷载作用在柱轴心位置。在突然发生的地震、风、雪等荷载作用下，柱受力方向产生偏离，这使得柱子处于偏心受力状态，很容易造成柱开裂破坏，甚至导致柱折断。古建筑木结构还有一个重要特点，即随着时间流逝，木材的材料强度降低及弹性模量降低，即产生老化。这使得木柱变得易弯曲、易产生损坏，因而即使外力不变，木柱也容易产生开裂或折断。另弯曲柱子与直立的柱子相比，在相同的条件下，更容易产生破坏。此外，木柱上的加固件松动、脱落的原因有可能为铁件材料松弛，也有可能是外力作用过大，现有的铁件拉接强度不足，因而导致加固失效。

4.加固建议

（1）替换加固。该法是在柱子糟朽、虫蛀或开裂非常严重，必须更换构件的情况下采用的加固措施。选择的新料尽量与旧料为同一树种及尺寸相同。抽换柱子时，首先应清除干净柱子周边的杂物，然后把窗扇、抱框等与柱子有关联的构件拆下，再在梁端部位置放千斤顶。转动千斤顶，将梁抬升至原有柱子不再承重的高度，再将旧柱拆下，把新柱立直，最后按中线垂直吊正。如果梁底原有的海眼大小深浅与新换柱子的馒头榫不合适，可将榫头略加修理合适。图5-21即某柱子替换加固前后的照片。

▶ 图5-21　替换法

（a）加固前　　　　　　　　（b）加固后

（2）墩接加固。墩接柱根是木柱修缮的一种常用方法。做法有两种：柱根包镶和墩接。一般来说，适用包镶加固的柱根糟朽情况为柱根表面1/2以上糟朽，且糟朽深度不超过柱径1/5。包镶的工艺做法：首先将糟朽的表皮剔除干净，然后用干燥的旧木料依据原来的式样补配整齐，再用铁箍包裹牢固，见图5-22（a）。墩接加固适用于柱根糟朽深度超过柱径1/2，或出现柱心糟朽的情况。

墩接的主要工艺做法：首先将柱根糟朽的部分剔除，依据剩余完好木柱的情况选择墩接柱的榫卯式样，以尽可能多地保留原有木料为原则，新旧料均占木柱截面尺寸的 1/2，沿着竖向错开搭接，搭接长度为柱径的 1.5 倍左右，见图 5-22（b）。墩接部位的榫卯连接做法可包括巴掌榫、抄手榫、螳螂头榫等形式，加固时应做到加固部位连接牢固，用乳胶粘牢后再用铁箍包裹加固部位。完成柱的墩接加固后，对木柱及加固铁件应涂刷防（腐）锈漆，见图 5-22（c），以避免糟朽、锈蚀问题再次出现。

（a）包镶（左：加固前，右：加固后）

▶ 图 5-22　墩接加固法

（b）墩接（左：加固前，右：加固后）　　　（c）刷防腐油漆

（3）化学加固。包括黏结和灌注两种做法。对于柱表皮的损伤或缺失，可采用环氧树脂黏结方法。具体做法：先剔除柱损伤部分，制作同样尺寸新料，然后用环氧树脂胶（建议配合比为 E-44 型环氧树脂：多乙烯多胺：二甲苯 =100 ： 13~16 ： 5~10）将新料黏结。

当柱内部因虫蛀或腐朽形成中空时，若柱表层完好，厚度不小于 50 毫米，可采用灌注法加固。灌注材料可为环氧树脂或不饱和聚酯树脂灌注剂（建议配合比为不饱和聚酯树脂：过氧化环己酮浆：萘酸钴苯乙烯液：干燥石英粉 =100 ： 4 ： 2~4 ： 80~120）。加固时要求在柱中应力较小的部位开孔。若通长中空时，可先在柱脚凿方洞，洞宽宜小于 120 毫米，再每隔 50 毫米凿一洞眼，直至中空的顶端。在灌注前应将腐朽木块、碎屑清除干净。柱中空直径超过 150 毫米时，应在中空部位填充木条或木块。加固时，先将调制好的灌注剂适量灌入劈裂隙缝中，适度敲振木柱，使灌注剂浸透饱和，与木柱紧密结合，之后镶入加工好的木条或木块，将其向下捣实。如灌注剂未覆盖填充的木条或木块，可再次补充该液体并振捣匀实。

（4）碳纤维复合材料（Carbon Fibre Reinforced Plastics，CFRP）加固。20 世纪 60 年代以来，CFRP 出现并逐渐应用于建筑加固工程中，且以 CFRP 布形式应用较多。与古建筑加固木柱的一般方法对比，采用 CFRP 布的优越性体现在：首先，墩接木柱更换构件需要进行局部或全部落架，对构件可能造成损伤，而采用 CFRP 布材料粘贴于柱子破坏区，可以增强抗压性能，同时也避免了对古建筑落架和调整复位，而且达到了良好的加固效果。其次，铁件加固木柱虽然方法简单，但是容易造成结构局部二次受力，同时也影响了其外观，采用 CFRP 布不仅解决了柱子受力不足的问题，而且对结构外观不产生影响。最后，嵌补修补木柱裂缝仅能解决表面问题，因为嵌补很难深入柱子裂缝深层，而 CFRP 布加固则不存在这个问题，通过在裂缝区包裹 CFRP 布材料，利用 CFRP 布高强度特征来参与受力并控制裂缝的扩展，达到修复木柱的效果。

CFRP 布加固木柱的原理：CFRP 布包裹加固区后，木柱横向受到 CFRP 布的约束作用，使木柱处于三向受力状态。加固后木柱薄弱处的纤维错动和压缩受到限制，但能继续承担竖向荷载，延缓了木柱产生破坏的时间，甚至改变了木柱产生破坏的位置，从而提高了柱子的受力性能。

就加固方式而言，CFRP 布加固古建筑木柱可包括包裹、缠绕、预制外套等形式。其中包裹式即将 CFRP 布包裹在木柱表面，这属于木柱整体加固形式，其结果使得木柱的残损区和完好区的承载能力都得到提高。缠绕式即采用 CFRP 条间断式缠绕在木柱或加固区表面，其加固位置具有针对性，可适当提高木柱整体承载力，减小木柱残损部位产生破坏的程度，加固后木柱的延性与完整木柱差别不大。预制外套式加固法则是将 CFRP 材料提前进行预制，其外形与加固柱相当，然后套在加固柱表面，主要用于不适于前两种加固方式的木柱。

（5）柱顶石加固。对于柱顶石风化比较严重的情况，应采用同尺寸石料更换。更换的石料尽量与原有材料相同，安装时合缝应平稳，安装后宜在柱顶石表面擦酸打蜡（用干净白粗布蘸稀酸在磨光的石料上涂擦，然后用白蜡、松香加热搅拌均匀，冷却后再用白粗布沾蘸擦亮）。当柱顶石风化不严重时可进行修补，原则是保证补配材料的强度与原柱顶石相当，同时颜色也相近。传统的补配材料为白蜡、黄蜡、芸香、木炭及石面（与原有石材相同的材料），将它们按一定比例混合，加温溶化后即可使用。

5. 小结

从以上分析可知，对故宫古建木柱而言，其在不同因素作用下易产生各种残损问题，而基于对不同残损产生原因的分析，可采取相应的加固措施。综上可得出以下结论：

（1）糟朽、开裂、柱顶石风化、加固件松动等现象均属于木柱表现出来的残损问题。

（2）木柱残损的产生原因与柱子的材性、柱顶石及加固件材

料、柱子构造、施工工艺、外力作用等因素相关。

（3）对于残损的木柱，可采用替换、墩接、化学和使用CFRP布等方法加固；对于风化的柱顶石，应予以更换或修补。

（二）木梁

1.引言

古建筑木梁一般指下面有两个以上支点，上面负有荷载的横木；或下面两端有柱支托，上有瓜柱以承担上层荷载，横断面略作长方形之横木。故宫古建筑中，梁主要用来承担屋面及上部桁檩传来的重量并传给柱子。在有廊的建筑中，梁主要位于金柱之间。在金柱和檐柱之间的梁，称为挑尖梁（大式建筑）或抱头梁（小式建筑），其主要作用为拉接檐柱与金柱。当廊宽度较大时，挑尖梁上再设单步梁及双步梁，用于辅助承担檩传来的荷载。当梁的截面尺寸不足以承受上部荷载时，梁下面再设小梁，可称为随梁。承担不同高度的檩传来荷载的梁的组合，可称为梁架。一般每层梁承受檩子的数量是多少就称为"几架梁"。如负有七檩，则称为七架梁；七架梁上一层梁负有五檩，则称为五架梁；五架梁之上一层负有三檩，则称三架梁，等等。另顶棚内一般设天花梁及帽儿梁，以用于支撑顶棚。此外，故宫古建筑还有其他形式的梁，如角梁、顺梁、趴梁等。图5-23为故宫某典型古建筑明间剖面示意图，可说明不同名称梁所在的位置及功能。

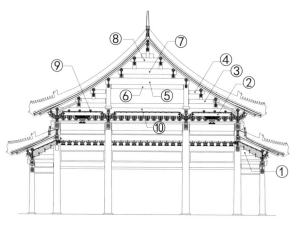

（①挑尖梁　②重檐挑尖梁　③双步梁　④单步梁　⑤七架梁　⑥七架梁随梁　⑦五架梁　⑧三架梁　⑨帽儿梁　⑩天花梁）

▲ 图5-23　北京故宫古建筑典型梁分类示意图

由于木材具有易开裂、易糟朽、易变形等缺陷，在不同因素作用下，古建木梁很容易产生各种问题，如出现裂缝、产生变形、局部糟朽等。这些问题使得木梁无法处于正常受力状态（或无法满足正常使用需求），且威胁到木梁甚至古建整体的承载性能，可认为是残损问题。对古建木梁进行残损评估，确定木梁残损位置、残损症状，找出残损原因，在此基础上采取有效加固措施，有利于减小古建筑存在的安全隐患，对古建筑的保护具有重要意义。有学者研究了故宫古建筑部分构件的典型残损问题和加固方法，但针对故宫古建木梁而言，相关研究并不系统。本部分以故宫古建筑群为研究对象，基于现场调查、归纳分析等手段，探讨古建木梁存在的典型残损问题，从木梁构造、材料、受力等多角度出发，分析这些问题产生的主要诱因，基于传统工艺及现代科技手段，提出可行性的加固方法或建议，以实现古建筑的合理有效保护。

2. 评估内容

按照《古建筑木结构维护与加固技术标准》（GB/T50165—2020）（以下简称"《标准》"）规定，木梁残损评估内容包括如下几个方面：

（1）材质的腐朽及老化程度应在许可范围内。即对梁身而言，其腐朽及老化截面面积应小于《标准》允许值；而对梁端而言，则不允许有腐朽老化问题。另梁存在心腐问题时，可认为是残损点。梁腐朽使得梁的有效承载截面减小，在竖向荷载作用下易产生过大内力或变形，从而威胁梁身的安全。

（2）沿梁身任一部位有虫蛀孔洞，或虽未见孔洞，但敲击时有空鼓声音，均可认为是残损点。梁孔洞的存在使得梁有效受力截面减小，且材料变脆，强度降低，很容易导致梁在外部荷载作用下产生弯、剪破坏。对故宫古建木梁而言，虫蛀造成的孔洞主要为不同历史时期的虫害所致。近年来，随着虫蛀防治工作的深入，故宫古建木梁很少出现该问题。

（3）梁的关键受力部位，木节、扭（斜）纹或干缩裂缝的尺

寸应在许可范围内。其主要原因在于，裂缝的存在削弱了梁的整体性。梁一般承受竖向荷载，开裂梁在裂缝位置的内力远大于其他位置，很容易造成裂缝继续扩展并贯穿梁截面，使梁被分为几个部分（即形成叠合梁）；当任一部分的截面尺寸不足以满足抗弯或抗剪承载力要求时，梁便会产生局部折断。

（4）梁的竖向或侧向变形应在许可范围内。古建木梁承受的荷载方向以竖向为主，水平方向荷载传来的力（如屋面对梁侧压力及风力）一般不大。梁产生过大变形的最主要原因是梁截面尺寸过小导致的抗弯强度不足。梁变形过大时会对其上部结构的安全造成威胁，且梁自身很容易因变形过大而产生断裂。对故宫古建木梁梁身而言，由于其截面尺寸一般有富裕，且部分梁下面还设有随梁（辅梁）来承受外力，因此梁身很少出现过大变形问题。

（5）沿梁身任一部位无明显损伤，即不出现跨中断裂、梁端劈裂或非原有的锯口、开槽、钻孔引起的梁受弯截面尺寸不足等问题。其主要原因在于，上述损伤破坏了梁的整体性，减小了其有效抗弯及抗剪截面尺寸，降低了其承载力，很可能导致梁产生断裂问题。上述损伤产生的原因与外力作用、木材材性、梁构造做法、古建日常维护保养等多因素有关。

（6）梁的历次加固现状完好。如梁端原有拼接未出现变形、脱胶、螺栓松脱等问题；原有的采取灌浆加固的梁完好，敲击无空鼓声音，且加固后的梁无明显变形等。古建筑承受长时间的荷载作用，当梁构件因强度不足需要采取加固措施时，所使用的加固材料或方法应能保证梁继续承受长时间荷载需求，且不出现因材料或方法失效造成的梁过大变形、断裂等影响结构安全的问题。

3. 典型问题

笔者以故宫古建筑为研究对象，采取现场调查手段，对古建筑木梁的典型残损问题进行了归类，认为主要包括以下四个方面的典型残损问题：

（1）开裂。梁开裂既包括梁干缩形成的裂缝，也包括在外力作用下梁产生的裂缝。裂缝方向有水平向［图5-24（a）］、竖向［图5-24（b）］及环向［图5-24（c）］。如图5-24（a）所示的裂缝为水平裂缝，裂缝贯穿梁身，将梁分为上下两个小梁，形成类似于叠合梁构造。由于古建筑木梁一般具有比较充裕的截面尺寸，被一分为二的木梁，其在竖向荷载作用下的跨中弯应力峰值尽管明显增大，但仍满足容许值范围，因而该类型裂缝不至于引起梁架产生过大竖向挠度。然而，若不采取及时有效的加固措施，该水平裂缝延伸至梁端榫头位置时，会引起榫头局部应力过大，造成榫头破坏，进而威胁梁架安全。对图5-24（b）所示的竖向裂缝而言，该裂缝与竖向荷载作用方向一致。由于裂缝的存在及扩展，一方面使得梁的有效受力截面减小，另一方面使得梁的受力状态发生改变（由整体受弯变为局部受弯），因而在竖向荷载作用下，木梁极易因截面尺寸不足或局部应力过大而产生受弯或受剪破坏，并易诱发上部梁架歪闪，威胁梁架整体稳定性。对图5-24

 图 5-24 北京故宫梁开裂

（a）梁身水平裂缝

（b）梁身竖向裂缝

（c）梁头劈裂

（c）所示的梁头裂缝而言，其裂缝形式为由中心向四周发散，且裂缝宽度较为明显，可反映梁头已产生破坏。其主要原因在于梁头受到的局部压力过大（梁端部做成榫卯形式与檩枋相搭接，该位置截面尺寸较小，易产生较大应力），导致梁头局部被压裂。若不采取及时有效的加固措施，梁架会在梁头位置产生局部倾斜，造成梁架松动、屋顶漏雨等问题。

（2）梁头变形。故宫古建筑木梁梁身很少出现过大变形问题，但梁头变形则很常见，见图5-25所示。梁头变形一般指梁头在檩、垫板作用下产生压缩变形。此外，梁头由于构造原因使得该位置截面尺寸小于梁身，且部分梁头露明于室外，在雨水侵蚀下很容易糟朽，进而增加外力作用下梁头产生的变形量。梁头变形过大时，其承载力降低，很可能产生折断，从而使得梁与柱的联系削弱甚至中断，威胁到梁的整体稳定性。因此，对于梁头变形问题，应及时采取措施进行加固。

（3）糟朽。糟朽是木材常见的问题。对木梁而言，其所处的

▼ 图5-25 北京故宫梁头变形

环境潮湿或封闭时，木梁很容易产生糟朽问题，表现为木料受到细菌侵蚀而变得松软，很容易捏碎，木材强度极低。梁糟朽部位主要包括梁头、梁身及梁整体。梁头糟朽主要是梁头暴露在室外，受到雨水侵蚀后形成的［图5-26（a）］；梁身糟朽主要由屋顶漏雨，雨水渗入梁架部位，且梁架长期处于潮湿状态而形成的［图5-26（b）］；梁整体糟朽主要指山墙位置的梁整体产生糟朽，其主要原因在于梁全部封闭在墙体内，根本无法保证空气对流，下雨造成的墙体渗水对梁产生完全侵蚀，并导致其糟朽破坏。仔角梁的大部分位置被泥背及老角梁覆盖，很容易产生大面积糟朽［图5-26（c）］，也可认为是一种整体糟朽形式。梁糟朽问题不仅减小了梁的有效受力截面尺寸，而且降低了梁材质的承载能力，很容易诱发梁断裂，因而应对其进行预防。

（4）加固件破坏。故宫古建木梁的加固材料以传统铁件为主，其主要原因在于铁件材料具有体积小、强度高、短期加固效果好等优点。然而，大量古建加固工程实例表明，尽管铁件拉接木梁可增强木梁的承载力并减小木梁变形，但铁质材料

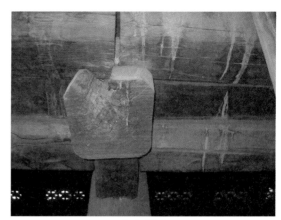

（a）梁头

（b）梁身

（c）梁整体

▲ 图5-26　北京故宫梁糟朽

本身在空气中容易氧化。铁件加固木梁数十年后，铁件本身很容易产生锈蚀，造成加固件本身断裂（由拉接力急剧降低产生）或与木梁的拉接失效，使得加固效果降低甚至失效。如图5-27所示拉接梁的铁件材料发生断裂，主要是铁件材料因锈蚀而强度降低所致。由于加固件的主要作用在于提供附加承载力以减轻梁的受力负担，因此加固件的破坏会导致梁受力剧增，很可能导致梁因强度不足或变形过大而破坏。

▲ 图5-27　北京故宫加固件破坏照片

4. 原因分析

古建筑木梁出现的典型残损问题与诸多因素有关。基于对现场调查实例的归纳、分析及整理，可认为古建筑木梁产生残损的主要原因有以下四个：

（1）木材材性。对木材材性而言，其主要优点包括抗弯、抗压及弹性性能较好等，但也存在着材性缺陷，如抗剪能力差，易产生不同形式裂缝，易遭受虫蛀，受环境影响容易腐朽等。其中，木材开裂既有自然原因形成的干裂，又有外力作用形成的破坏裂缝。由此可知，木梁的开裂、糟朽等典型残损问题与其材性密切相关。当木梁处于封闭、潮湿的环境中时，容易产生糟朽问题；当木梁承受过大的剪力或其干缩裂缝尺寸过大时，裂缝已威胁到梁自身安全。由于上述残损对木梁甚至古建筑大木结构整体的受力性能均有不利影响，因而应予处理。

另外，对铁质材料而言，其主要材性缺陷表现为在空气中易产生锈蚀。在不采取防锈蚀措施的前提下，铁件加固木梁的效果是短期的。一旦铁件产生锈蚀，其拉接木梁或提供附加承载力的能力会急剧降低，导致加固效果下降或失效。

（2）木梁构造。根据《营造法式》规定，古建大梁（如五架梁、七架梁）的梁头做出檩碗以承接檩，檩碗下刻垫板口以安装垫板，且梁头高度要比梁身尺寸小。这种构造使得梁头截面尺寸远小于梁身，很容易导致梁头因抗剪、抗压承载力不足而产生破坏。因此，在檩端传来的外力作用下，梁头很容易产生变形、开裂等残损问题。

（3）施工工艺。梁糟朽问题产生原因除了与木材材性相关外，还与施工工艺原因密切相关。如对山面木构架而言，根据古建筑大木作工艺流程，山面木架立完后，再砌筑维护墙，见图5-28。这使得墙体内的木梁缺乏通风干燥条件，当雨

▲ 图5-28 包砌在墙体内的梁柱体系

水渗入墙体后，木梁长期处于潮湿状态，因而很容易产生糟朽问题。类似的，仔角梁也很容易产生糟朽问题，根据工艺流程，仔角梁上部被泥背覆盖，因而屋面漏雨时，雨水由泥背直接渗入仔角梁，导致其出现糟朽问题。

（4）外力因素。梁的部分残损问题与外力作用因素有关。如梁开裂问题，在竖向荷载（外力）作用下，梁截面抗弯、抗剪承载力不足时，则梁身容易产生裂缝；或造成原有天然裂缝扩展，直至贯穿梁截面。水平方向裂缝使得单梁变成叠合梁，增大了梁的变形值，降低了其承载力；垂直方向的裂缝则使得梁偏心受弯，容易造成梁侧向歪闪，加剧了其破坏程度。另关于梁头变形问题，主要原因是作用于梁头上的檩、垫板传来的荷载过大，当梁头自身存在糟朽问题时，在荷载作用下，梁头变形会加剧。

5. 加固方法

基于对传统加固方法与现代科技手段的归纳汇总，可认为故宫古建木梁出现的残损问题，主要有以下五种加固方法：

（1）包裹加固法。常用的包裹材料为铁件。铁件为故宫古建筑加固的传统材料，大量应用于包括梁在内的各种木构件中。开裂、变形梁头，可采用铁箍包裹法加固，以约束梁头部位的变形，并提供附加支撑力；糟朽的梁头，采用新料进行更换后，可用铁件做成"铁靴子"形式来拉接新旧木料；开裂的梁身，采用铁箍进行包裹，可约束梁身裂缝的发展，增强开裂梁的整体性，并承担部分压、剪应力，以达到加固的效果。

近年来，CFRP 布包裹加固古建木梁的方法也逐步得到应用。CFRP 具有耐摩擦、耐高温、耐腐蚀、各向异性、易于加工、比强度高等特点。该材料力学性能优异，在土木、机械、航空等领域得到了较为广泛的应用。在古建筑加固工程中，CFRP 布亦可用于加固开裂木梁。通过黏结胶将 CFRP 布固定在开裂梁的表面，可约束梁的裂纹扩展，提高梁的抗弯、抗剪性能。国内外结构加固工程实践表明：CFRP 布材料应用于古建筑木结构加固领域中，亦可起到良好的效果。未加固木梁产生受弯破坏裂缝，而 CFRP 布加固后的木梁在相同外力作用下仍保持完好。由此可知，CFRP 布加固古建筑木梁可有效提高其抗弯性能。

（2）贴补加固法。当梁有较小程度的糟朽需要修补、加固时，首先对糟朽木梁进行结构计算，确定梁剩余有效截面可满足承载力要求。在这个基础上，可采用贴补加固的方法。贴补前，应将糟朽的部分剔除干净，对需要加固的位置采取有效的防腐措施。用完好的同种材质木料加工新料，新料尺寸与剔除的糟朽部分木料尺寸完全相同。将新料用乳胶（或其他黏结材料）粘在加固位置。为提高加固效果，可用铁箍或扁钢包裹加固区域，包裹间距为 0.5 米左右。

此外，当木梁出现干缩裂缝，且尺寸不大时（一般裂缝深度不超过梁宽的 1/4），亦可用贴补加固法进行加固。加固的主要工序为：首先加工与裂缝宽度相近的木条，然后将木条涂刷乳胶等黏结材料填塞于木梁裂缝内部，再用铁箍包裹固定。在外力作用下，贴补的新料因铁箍的核心约束作用与旧料形成整体，参与受力，在一定程度上可改善木梁的受力状态。

（3）化学加固法。对于梁出现的内部糟朽问题，如糟朽面积不超过梁截面面积的 1/3 时，可采用化学加固法，即剔除糟朽区域，并用环氧树脂灌注。环氧树脂一般是分子中带有两个或两个以上环氧基的低分子量物质及其交联固化产物的总称，其用于古建筑木梁加固的优点是力学性能高、附着力强、固化收缩率小、工艺性能好、稳定性能好等。环氧树脂的配方宜为 E-44 环氧树脂：多乙烯多胺：聚酰胺树脂：501 号活性稀释剂 =100 ： 13~16 ： 30 ： 1~15（重量比）。灌注环氧树脂前，应在梁中空梁端凿孔，用 0.5~0.8 MPa 的空压机将腐朽的木屑或尘土吹净。环氧树脂加固木梁的实质在于用环氧树脂材料代替糟朽部分木材参与受力，且提供部分抗弯、剪力以减小原有木梁的受力负担。

（4）支顶加固法。该法在故宫古建筑木梁加固工程中较为普遍，其主要做法为在木梁适当位置安装木柱、铁钩等附加支撑，以

提高木梁承载力。支顶加固实质是为原有木梁提供附加支座，以改善竖向荷载作用下梁的受力状态，减小梁所受到的内力和变形。支顶所用材料一般为木料，如短木柱，见图 5-29（a）。当木梁承受上部的荷载过大，或承受荷载历经时间长久时，木梁会存在潜在的稳定性隐患。在木梁适当位置增设木柱（木柱截面满足承压要求），可分担木梁所受的竖向荷载，减小木梁的内力，提高其稳定性。增设的木柱一端支顶于原有木梁下部，另一端固定在原有木梁下方的梁架上。部分木梁因加固空间有限而不适合于用短木柱时，可采用铁钩拉接加固，该方法亦可称为支顶。如图 5-29（b）所示的帽儿梁，位于天花板上面，起安装天花支条作用。由于帽儿梁端部以榫卯连接形式搭在天花梁上，在长期荷载作用下，很容易产生竖向挠度，且使得帽儿梁的榫头与天花梁搭接量减少，影响天花板的稳定性。对于该问题，一般采取的加固方法是在帽儿梁端部安装铁钩，铁钩一端与帽儿梁拉接，另一端固定在附近梁架上，亦可起到加固效果。

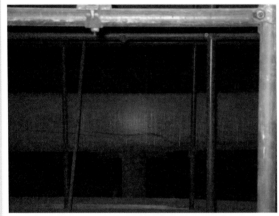

（a）木柱支顶

（b）铁钩加固

▲ 图 5-29　支顶加固法

（5）更换加固法。对于严重糟朽的梁，经计算剩余截面无法满足承载力要求时，可采取更换法。制作的新料在材质、尺寸上应尽量与原材料一致，且材料应干燥，并做好防腐处理。拆除旧料及安装新料时，应采取可靠的临时支撑措施，以尽量减小对与梁相连的柱、枋或其他构件的扰动。另梁上原有加固件破坏时，应及时进行更换，或采用其他加固材料代替（如 CFRP 布等）。

6. 小结

以上采取现场勘查与分析归纳相结合的方法，探讨了故宫古建筑木梁的典型残损问题，得出如下结论：

（1）故宫古建筑木梁的典型残损问题包括开裂、梁头变形、糟朽、加固件破坏等。

（2）木梁残损产生的主要原因包括木材材质缺陷、铁件加固材料易锈蚀、木梁构造缺陷、木梁施工工艺影响、木梁所受外力过大等。

（3）对于残损的古建筑木梁，采用包裹、贴补、化学补强、支顶、更换等加固法，可实现有效加固。

（三）檩三件

1. 引言

檩三件一般是指桁檩（大式建筑称为桁、小式建筑称为檩，在此为便于论述，统称为檩）、垫板、枋三种木构件组成的体系。檩搁置在梁头上，承担椽子传来的屋面重量。位于檐柱上的檩，称为檐檩；位于屋脊上的檩，称为脊檩；檐柱与屋脊之间的所有檩，称为金檩。其中，金檩按所处高度，又分为上金檩、中金檩、下金檩。

每条檩下面，与之平行叠合的构件，称为垫板或枋。不同位置的垫板、枋的称谓与檩相同，如位于脊部则称为脊垫板和脊枋，位于檐部则称为檐垫板和檐枋。檩、垫板、枋叠合在一起共同承担屋面荷载。位于建筑檐部的檩三件，大式建筑中常有带斗拱做法。金三件、脊三件一般位于顶棚内，故可称为内檐檩三件。当内檐檩三件不设顶棚时（如部分门庑建筑），内檐檩三件大都采取露明做法（檩三件上绘有彩画）。此外，部分古建筑也有仅使用檩、枋叠

合体系的形式。檩三件在上下方向进行叠合，共同承担屋面传来的作用力，并将该作用力传给柱子。

由于木材具有易糟朽、易开裂等问题，在长时间自然或人为因素作用下，古建筑大木结构的檩三件不可避免地出现残损（即处于无法正常受力、不能正常使用或濒临破坏的状态），并威胁到结构整体性的安全，因而对它们进行残损鉴定极其重要。在此基于大量勘查及分析结果，探讨故宫古建木构檩三件的典型残损问题，分析其产生原因，提出相关加固方案，结果将为故宫古建筑修缮加固提供参考。

在对檩三件进行残损鉴定时，其残损判别依据与梁基本相同，即材质的腐朽及老化程度应在许可范围内；沿构件任一部位不可有虫蛀孔洞；构件的关键受力部位，木节、扭（斜）纹或干缩裂缝的尺寸应在许可范围内；构件的竖向或侧向变形应在许可范围内；沿构件任一部位无明显损伤；构件历次加固现状完好。

2. 典型问题

基于对故宫大量古建筑的勘查结果，归纳得出檩三件的典型残损问题主要包括如下几个方面：

（1）糟朽。即檩三件（或其中部分构件）由于受到木腐菌侵蚀，不但颜色发生改变，而且其物理、力学性质也发生改变，最后木材结构变得松软、易碎，呈筛孔状或粉末状等形态。一般而言，檩三件糟朽有两种情况：其一是檩三件露明情况。檩三件位于屋顶梁架内，檩相对于垫板、枋而言位于上部，且直接与椽子接触。因此当屋顶漏雨时，雨水容易顺着椽子往下流到檩部，并使得檩容易产生糟朽问题，见图5-30（a），其下部的垫板、枋相对而言糟朽可能性较小；其二是檩三件隐蔽情况。对某些古建筑而言，其后檐檩三件被包砌在墙体内时，很容易因空气不流通而产生糟朽，见图5-30（b）。檩三件糟朽问题削弱了檩三件自身的有效受力截面尺寸，降低了其受力能力，在竖向荷载作用下很容易产生过大变形或断裂问题，因而应给予预防或避免，或及时采取加固措施。

（a）檩三件露明 （b）檩三件隐蔽

▲ 图 5-30 北京故宫檩三件糟朽

（2）挠度。檩三件的挠度问题主要指檩三件在竖向作用下产生的过大变形。该种问题主要出现在檩、枋截面尺寸较小，或长期荷载作用下木材弹性模量降低的情形中。如图 5-31 为故宫某古建筑西山挑檐檩枋挠度现状照片。测得檩挠度最大值达 13 厘米，位

▲ 图 5-31 北京故宫某古建筑西山挑檐檩枋挠度

（a）檩与枋分离

▶ 图5-32 北京故宫古建筑檩枋构件分离

（b）垫板与枋分离

置在跨中。尽管目前未发现该挑檐檩存在其他的残损问题，但该挠度问题应予以重视。这是因为檩三件的过大挠度不仅影响了木构件自身外观，而且会对木构件受力性能产生不利影响，在突发的外力（如地震、大风）作用下，檩枋构件挠度过大且无任何预防措施时，檩三件很可能受弯断裂。此外，由于檩三件上部支撑屋顶椽子、望板及瓦件，当檩枋挠度过大时，很容易导致上部屋面体系变形，使得瓦件松动，屋面发生漏水问题。由此可知，对檩三件的挠度问题应采取及时有效的加固措施。

（3）构件分离。檩三件一般上下叠合，共同承担屋顶传来的荷载。但在外部因素作用下，檩枋构件沿竖向会产生分离。檩、垫板、枋不再上下叠合，而是之间有一定空隙，见图5-32。其中，图5-32（a）为檩—枋体系中檩与枋分离的照片；图5-32（b）为檩—垫板—枋体系中垫板与枋分离的照片。不论何种情况，檩三件中构件分离使得屋顶传来的荷载由檩单独承受（枋截面尺寸小，分担弯矩比例小很多），而当檩有效受力截面不足时（开裂、糟朽或上部荷载增大等原因形成），将造成檩挠度过大甚至断裂，使得其上部屋顶体系产生较明显凹陷，瓦面局部下沉，造成屋顶渗水，从而诱发屋顶木构件的糟朽。此外，檩三件构件分离亦不利于梁架的稳定，檩若产生受力破坏，其所在木构架很可能产生局部失稳。

（4）构件歪闪。该问题在故宫古建筑梁架内较为多见，即指檩、垫板、枋的底面中轴线不一致。檩三件的歪闪包括两种情况：对檩—垫板—枋体系而言，垫板很容易产生歪闪，见图5-33（a）；对檩—枋体系而言，枋很容易产生歪闪，见图5-33（b）。对前者而言，垫板是位于檩、枋之间的木构件，其作用主要为传递檩部的竖向荷载给枋；对后者而言，檩直接将荷载传给枋。檩、垫板、枋之间仅为纯粹的叠合，彼此间并无约束关系，在外力作用下，檩、垫板、枋很可能侧向变形不一致，从而引起歪闪。无论何种情况，檩三件的歪闪使得檩部荷载无法正常传递，或者造成枋偏心受力，从而引起檩变形过大或断裂，而垫板、枋无法发挥承载作用。该情况不利于檩三件正常受力，可能会诱发屋面产生过大变形并导致漏雨，甚至引起梁架局部失稳问题，因而有必要采取有效控制措施。

（a）垫板歪闪

（b）枋歪闪

 图5-33 北京故宫古建筑檩三件歪闪

（5）开裂。开裂是指木材纤维与纤维之间分离形成的裂隙。檩三件（或其中部分构件）的开裂既包括自然干裂，也包括受力破

（a）水平向

（b）竖向

▲ 图5-34 北京故宫古建筑檩三件开裂

坏裂缝。裂缝方向既有水平向［图5-34（a）］，也有竖向［图5-34（b）］。无论哪种形式的裂缝，当其宽度和深度超出一定的范围时，檩三件的受力性能就要受到影响，且必须采取加固措施。从对故宫部分古建檩三件的勘查分析来看，檩三件裂缝存在较多，大多是以干燥裂缝为主，部分干燥裂缝因外力作用产生扩展，因而演变成受力裂缝。裂缝的存在破坏了檩三件的完整性，降低了其强度，同时也是木腐菌侵蚀木材的主要通道，因此应予以控制。此外，裂缝方向与受力方向相同时，开裂构件极容易处于偏压状态，很可能导致檩三件偏心受力并产生侧向歪闪，从而威胁结构整体安全。

（6）连接松动。主要指檩端出现较严重的错动或拔榫问题，见图5-35。其中图5-35（a）为檩外滚造成的檩头错动，图5-35（b）为拔榫造成的檩头分离。在水平外力（如地震、风）作用下，大木构架容易产生晃动。虽然檩端之间的连接为较为牢固的燕尾榫形式，但由于檩端浮搁在梁头上，缺乏梁头的约束作用，因而檩发生横向滚动时，相邻檩端部会产生错动问题。此外，尽管相邻檩头之间采取燕尾榫形式连接，但是由于燕尾榫仅能起水平拉接作用，而在竖向无法产生作用，上述不足加剧了檩头之间的错动。而当外力作用下檩头之间错动尺寸过大时，则产生拔榫。另外，部分榫头由于屋顶漏水产生糟朽，因而在外力作用下，檩头很容易产生拔榫。檩头连接松动不利于梁架的整体性稳定，并容易诱发屋面局部下沉或变形问题，因而需要采取加固措施。

（a）外滚

3. 原因分析

分析认为，故宫木构古建筑檩三件产生残损的主要原因包括如下四个方面：

（1）工艺原因。我国古建筑大木结构施工工艺的一个重要特征是先立架后砌墙。对部分类型古建筑而言，其后檐墙砌筑时，有一种封后檐的施工工艺，常见于清式建筑。即砌筑后檐墙体时，将后檐大木构架完全封护。如图 5-36 所示的故宫某古建筑，其后檐墙一直砌筑到冰盘檐下，冰盘檐上部则是瓦面，后

（b）拔榫

▲ 图 5-35 北京故宫古建筑檩头错动、分离

（a）照片

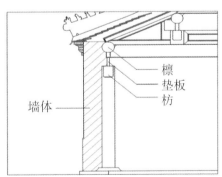

（b）横剖示意图

墙体   檩   垫板   枋

▲ 图 5-36 北京故宫某古建筑的后檐瓦面及墙体

檐檩三件完全被包砌在墙体内。这种工艺使得墙体内的檩三件缺乏通风干燥条件，当雨水渗入墙体后，檩三件长期处于潮湿状态，因而很容易产生糟朽问题。

（2）材料原因。檩三件出现典型残损问题与木材材性有一定关联，其表现为：

① 挠度问题的一个重要原因是木材的弹性模量小（即弹性变形能力大），这使得檩枋体系截面尺寸较小时，在外力作用下容易产生弯曲，并导致上部屋面体系下沉，从而威胁屋面结构体系安全。

②木材材料的强度及弹性模量随着时间的增长会降低，这相当于变相增大了外力对檩三件的破坏作用。故宫古建筑建成至今已600余年，其承重材料的强度已出现不同程度的退化，这也是檩三件容易出现开裂、糟朽、挠度、拔榫等问题的主要原因之一。

③木材开裂与木材构造密切相关。木材在构造上是一种非均一的有机体，由于构成木材的细胞形状、构造及排列方式的不一致，形成了其在力学性质上的不一致性。因此，檩三件在干燥、收缩不均匀的条件下，会产生开裂问题。

④木材腐朽的根本原因在于其所处的环境适于木腐菌生长及繁殖。木腐菌通常以孢子状态存在于空气、土壤或水中。当檩三件在潮湿的环境中时，孢子接触木材表面，就开始繁殖，其分泌的酶使木材细胞壁内的纤维素和半纤维素被分解，从而导致檩三件破坏。

（3）构造原因。檩三件的各构件在上下向叠合堆放，其优点是可形成叠合梁来承担屋面传来的作用力，各构件根据自身截面尺寸大小分担相应比例的外力，这不仅可满足承受较大作用力的需求，而且可替代单块大截面尺寸木料。但这种构造也存在一个问题，即檩—垫板、垫板—枋之间并无相互约束作用，以致在外力作用下，檩、垫板、枋之间可能产生分离，垫板很可能产生歪闪。

此外，檩、垫板、枋的端部搭接构造为檩端部下口按梁端预留卯口（尺寸一般为1/4梁宽，俗称鼻子榫），刻除相应截面，再搭扣在梁头上，相邻檩端为拉接方便，采取燕尾榫卯方式进行连接；垫板两端刮刨直顺光平，直接插入梁侧面，插入深度为梁宽的1/4；枋端部做成燕尾榫形式，通过垂直向下方式插入柱顶中，形成较好的连接。需要说明的是，檩、枋的截面尺寸远大于垫板，其端部之间的燕尾榫连接（燕尾榫又称大头榫、银锭榫，它的形状是端部宽、根部窄，与之相应的卯口则是里面大、外面小，构件安装后不易出现拔榫现象）比垫板牢固得多（见图5-37）。因此檩、枋很少出现歪闪问题。

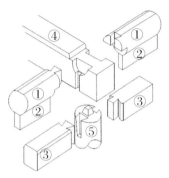

（a）构造示意图　　　　　（b）安装后照片
（①檩 ②垫板 ③枋 ④梁 ⑤柱）

▲ 图5-37　檩三件安装构造图

（4）外力原因。木材开裂的重要原因之一在于外力作用。木材抗剪性能（指材料承受剪切力的能力）差，因而在较小的外力作用下，檩枋体系很容易产生水平剪切裂缝。若不采取及时有效的加固措施，裂缝会扩展甚至纵向贯通构件截面，从而导致檩三件整个体系的受力性能降低。

在水平外力（如地震、风）的作用下，木构架产生歪闪，会导致檩端之间的拉接失效（即拔榫、外滚）或构件的歪闪。在竖向外力（如屋顶重量、施工荷载）作用下，檩三件会产生挠度、构件分离等问题。

4.加固方法

针对故宫古建筑大木结构的檩三件出现的残损问题，可采取

▲ 图 5-38 檩头拉接加固（北京故宫萃赏楼）

如下加固方法：

（1）拉接加固。主要用于檩头拉接松动、外滚时的加固。因檩外滚、松动导致檩头错位时，可采取扒锔子拉接加固，见图 5-38 所示。扒锔子为铁质材料，长度通常为 20~30 厘米，厚约 1 厘米，中间宽约 3 厘米，两端做成尖钩形式，分别钉入相邻的檩头内。由于铁件的强度远大于木材，因此扒锔子拉接檩头后，可通过对相邻檩头的拉接作用，抑制其外滚及拔榫，从而保证了檩头在梁头位置的稳定性。该加固方法的优点为强度高、所用部件体积小、安装方便、加固效果好。扒锔子拉接檩头的做法，是故宫古建筑檩头加固常采用的方法。

（2）支顶加固。即通过在残损的檩枋构件底部增设附加支撑的方式来加固构件。该法可用于檩枋构件开裂及挠度加固。如对于开裂的檩枋构件，在开裂位置底部设置附加支撑，可使开裂位置成为檩枋支座，并使得构件计算长度减小，因而在外力作用下，构件内力及变形大幅度减小，从而达到加固效果。对挠度较大、但小于檩跨度 1/100 的檩枋构件，通过在构件底部增设适当数量的支顶，可降低构件跨中挠度和内力，提高构件的承载性能；亦可在檩的顶端与椽子相交部位填塞木条并垫平，增大檩受力面积，以减小檩所受上部荷载。另如遇到落架大修情况，檩仅存在挠度问题时，可将其翻个使用（檩底皮作檩上皮）。

（3）贴补、化学加固。对于轻度糟朽的檩三件，可采取贴补方法进行修复，即将糟朽部分剔除，经防腐处理后，用干燥木材按所需形状和尺寸，以耐水胶贴补严实，再用铁箍或螺栓紧固。一般而言，如檩上皮糟朽深度不超过直径的 1/5，即可认为是可用构件；砍净糟朽部分后，用相同树种的木料按原尺寸或样式补牢。当糟朽深度很小（1~2 厘米）时，通常仅将糟朽部分砍净处理，不再钉补。对于轻度开裂（裂缝深度不超过檩径 1/4）的檩三件，亦可用干燥木条及耐水胶贴补严实，然后再用铁箍或玻璃箍箍紧。

檩枋内部糟朽面积不超过全截面面积的 1/3 时，可采用化学加固法修复，即首先在檩枋中空两端凿孔，用 0.5~0.8 MPa 的空压机将腐朽的木屑或尘土吹净，然后灌注环氧树脂注剂［质量比为：E-44 环氧树脂：多乙烯多胺：聚酰胺树脂：501 号活性稀释剂 =100 ： 13~16 ： 30 ： 1~15（重量地）］，再用玻璃钢箍箍紧中空部位的两端。

（4）包裹加固。对于檩枋分离或垫板歪闪问题，可采取包裹加固法。包裹加固法即采用扁铁或钢筋将檩三件包裹起来，使之成为一个整体，见图 5-39 所示。由于铁件对檩三件的约束作用，檩三件各构件之间很难发生相对变形，因而在外力作用下共同受力，类似组合梁（组合梁即几个单梁在上下向黏合在一起，就像一根整梁受力），其承载能力要优于檩三件形成的纯叠合梁（叠合梁即几

◀ 图 5-39 包裹加固法

（a）扁铁包裹（北京故宫延趣楼）　　（b）钢筋包裹（北京故宫英华殿）

个单梁在上下向叠合在一起，外力由几根梁分别承担）。

（5）CFRP在檩三件加固中的应用。采用CFRP法加固可弥补我国木构古建筑采取传统铁质、木质材料加固时带来的各种缺陷，在木构古建筑保护工程中逐渐得到深入应用。CFRP加固檩三件时，即可采取CFRP布包裹方法或CFRP板粘贴方法。采用CFRP布包裹檩三件时，可利用CFRP布强度高、韧性好的优点，对檩三件加固区域进行包裹加固。首先对檩三件破坏区域进行基层平滑处理，若有糟朽部位则采用新料进行替换；然后用CFRP布包裹破坏区域。通过CFRP布提供的核心约束力，抑制檩三件裂缝、变形的发展。采用CFRP板粘贴加固檩三件时，可利用CFRP板抗弯、抗剪强度高以及易裁剪的优点，将其粘贴在拟加固部位下方，与檩三件形成一个类似组合梁的体系。在竖向荷载作用下，CFRP板分担较大比例的荷载，可有效减小檩三件内力，并抑制原有变形及裂缝扩展。为避免在长期竖向荷载作用下加固体系竖向挠度过大，CFRP板可采取预张拉形式。后文的实例分析部分，会对CFRP加固檩三件的工程应用展开具体分析。

（6）替换加固。当檩三件槽朽尺寸过大，挠度过大或开裂问题严重时，可采取替换加固法，即用新料来代替旧料以满足构件正常使用的要求，见图5-40。在进行替换加固时，

（a）更换前

（b）更换后

▲ 图5-40　北京故宫武英门东值房前檐檩
（三件更换）

选择的新料尽量与旧料属同一树种，且尺寸应相同。根据檩三件构造特点，檩端为浮放在梁顶，更换时对结构整体稳定性影响不大；垫板端部插入梁侧面，且很少出现更换问题；而枋则为插入柱顶中，更换时应对柱子采取有效支顶措施，以避免柱子出现严重歪闪问题。枋归位后，再吊线调直柱子。

此外，对易出现糟朽的檩枋构件，应对替换后的新料采取有效的防腐处理措施。常用的防腐措施为将硼酸盐、有机脂、防腐油等系列防腐剂，通过喷淋、涂刷、浸泡扩散等处理方式使之进入木构件内部，并尽可能使其均匀分布，以达到防止木腐菌入侵的目的。

5. 实例分析

故宫中和殿某中金檩断裂加固分析。位于故宫前朝太和殿以北的中和殿，是皇帝举行重大仪式前休息的场所，它始建于1420年，期间遭受过两次火灾（1557年、1597年），并历经两次重建，现存木构架形式为明朝天启年间所建。建筑平面呈正方形，面阔、进深各三间，外檐轴线间距21米，建筑总高18米，攒尖式屋顶，见图5-41。2006年、2011年技术人员两次对中和殿进行勘查，发

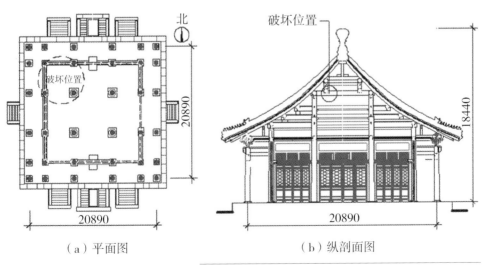

（a）平面图　　　　　　　（b）纵剖面图

▲ 图5-41　北京故宫中和殿尺寸示意图（单位：毫米）

现中和殿明间北面某中金檩存在局部断裂问题。断裂位置在中金檩与上部爬梁相交处，折断方向为由北向南，由上向下。断裂截面附近，中金檩北侧沿竖向开裂长度约为 0.3 米，下端沿水平向延伸约 0.4 米；南侧沿竖向开裂长度为 0.08 米，下端沿水平向延伸亦约 0.4 米。此外，中金檩断裂后压在下面的中金枋上，并导致中金枋挠度明显，见图 5-42。该中金檩长 6.2 米，直径 0.5 米，下部中金枋的截面尺寸为 0.22 米 ×0.3 米（宽 × 高）。基于有限手段的初步分析表明：中金檩产生局部断裂的主要原因为中金檩在爬梁作用位置截面有效尺寸不足，造成中金檩受力能力不足以及变形过大；檩—枋分离条件下，中金檩在开裂截面内力比檩—枋叠合条件下的大，中金檩断裂破坏要加剧；中金檩完全断裂后，将造成中金枋承受内力剧增，并产生不同形式的破坏，因而对中金檩采取及时有效的加固措施极为重要。

（a）金檩所在梁架

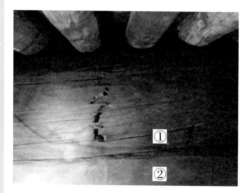

（b）裂缝局部

（①中金檩　②中金枋　③爬梁）

▲ 图 5-42　北京故宫中和殿某中金檩断裂照片

经专家论证，采取 CFRP 板加固中和殿开裂中金檩。加固方法具体如下：

（1）加固对象：中金檩（两侧），中金枋（底部）。

（2）加固材料：预应力 CFRP 板（中金枋底部、中金檩两侧用）、CFRP 布（中金檩两端包裹用）、配套结构胶、木梁（强化 CFRP 板与结构胶的粘接效果用）、木楔子（强化 CFRP 布包裹效果用）。

（3）加固机理：利用 CFRP 强度高、易裁剪、耐久性好的优点加固开裂的中金檩。由于中金檩开裂后，本身抗弯、抗剪承载力降低或者失效，使得中金檩上部荷载通过中金檩与其下部中金枋的接触点直接传到中金枋上，而中金枋本身截面尺寸不足，很可能造成中金枋产生过大挠度甚至开裂。基于此，在中金枋下部粘贴一层 CFRP 板，使得 CFRP 板提供附加抗弯、抗剪承载力。在抗弯、抗剪强度上，CFRP 板远大于中金檩及中金枋，因而 CFRP 板可起到有效加固效果。另 CFRP 板经过预应力张拉处理，可抵消中金檩枋产生的部分挠度，在一定程度上可保证加固效果。

（4）加固工艺：

第一步：中金枋底部平整处理。由于原有中金枋底部并不平整，并具有一定挠度，因而在采取 CFRP 板加固时，需对中金枋底部进行基层处理。首先在中金枋底部往上 0.03 米左右弹出水平墨线，然后用刨子将墨线以下部分刨平。在此基础上，把厚约 0.03 米的木板（宽同中金枋）用乳胶粘在中金枋底部，以使得 CFRP 板有个平整的粘接面，见图 5-43（a）。

第二步：中金枋底部粘接 CFRP 板。将尺寸为 0.1 米 ×0.015 米（宽 × 厚）的 CFRP 板用配套胶粘贴在上述木板底部，为上部檩、枋提供附加支撑力。这是本次加固体系最重要的工序。为避免上部长期荷载产生过大挠度，CFRP 板经过预张拉处理。为确保 CFRP 板与木板表面的充分粘接，采取"木枋子＋绳子"的方式做成类似套箍结构，将 CFRP 板与上部结构体系临时套牢，各套箍间距约为 0.5 米，见图 5-43（b）。

第三步：中金檩侧面粘接 CFRP 板。将中金檩两侧下端约 0.1 米宽度的范围刨平，然后用同第 2 步截面尺寸的 CFRP 板粘贴在上述刨平的表面，见图 5-43（c）。该步骤的主要目的是通过附加的 CFRP 板来增强中金檩底部抗弯和抗剪承载力，抑制中金檩下部的纵向裂缝继续扩展。

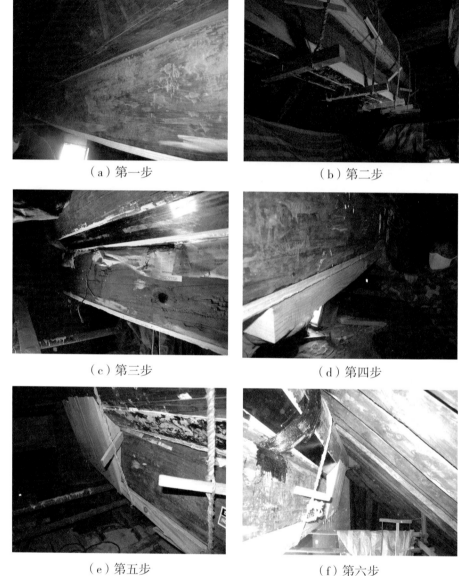

（a）第一步　　　　　　　　　（b）第二步

（c）第三步　　　　　　　　　（d）第四步

（e）第五步　　　　　　　　　（f）第六步

▲ 图 5-43　CFRP 板加固中金檩步骤

　　第四步：中金枋底部 CFRP 板底粘接保护梁。第 2 步中的套箍体系为临时加固体系，仅能保持 CFRP 板与其上部木板表面短期的粘接效果。为保证加固效果的长久性并避免 CFRP 板因不同原因受到破坏，在中金枋下部的 CFRP 板的底部，再次用乳胶粘接 0.1 米厚（长、宽均同中金枋）的木梁，见图 5-43（d）。该木梁主要对 CFRP 板起保护作用，其挠度亦小于 CFRP 板，有利于提高 CFRP 板的粘接效果。

第五步：中金檩端部钉木楔子。为提高中金檩两侧 CFRP 板与基层的黏结力，在 CFRP 板外侧钉木楔子。木楔子下部固定在中金枋侧面，上部做成斜面形式，挤压 CFRP 板，见图 5-43（e）。

第六步：CFRP 布包裹木楔子及底部木梁。为提高加固材料与原有中金檩、枋的整体性能，在中金檩、枋端部，包裹两道 0.1 米宽的 CFRP 布，相互间距 0.3 米。CFRP 布包裹底部木梁、侧面木楔子、上部中金檩，见图 5-43（f）。这使得木楔子—侧向 CFRP 板—中金檩、底部木梁—底部 CFRP 板—中金枋之间的挤压作用更明显，亦更有利于各 CFRP 板与基层表面的粘接。

6. 小结

（1）故宫古建筑大木结构檩三件的典型残损问题包括糟朽、挠度、开裂、构件分离、构件歪闪、开裂、连接松动等。

（2）檩三件产生上述残损问题的原因与古建筑大木结构施工工艺、木材材性、檩三件构造特征、外力作用等因素密切相关。

（3）基于檩三件不同的残损问题，相应的加固方法包括铁件或 CFRP 材料包裹、贴补，铁件拉接、支顶，化学加固法、替换法等。

（四）榫卯节点

1. 引言

我国的古建筑以木结构为主。故宫古建筑的主要构造特征之一，就是木构件之间（包括水平构件之间、水平构件与竖直构件之间）采用榫卯节点的方式连接。即一个构件的端部做成榫头形式，插入另一个构件端部预留的卯口中。榫卯节点连接的方式不仅有利于古建筑的快速施工，而且在外力作用下（如风、地震），榫头与卯口之间的摩擦和挤压，可耗散部分外部能量，有利于减小古建筑的破坏。

故宫古建筑中的榫卯节点有很多种。如管脚榫一般位于柱脚，与梁内的海眼咬合，可起到固定柱脚的作用，见图5-44（a）；馒头榫一般位于柱顶，是可避免梁水平移位的榫，见图5-44（b）；燕尾榫外形像燕尾，其榫头外大内小，对应的卯口外小内大，常用于梁柱相交构件的连接，见图5-44（c）；箍头榫位于枋与柱在尽端或转角部位相交处，且柱头以外部分做成箍头形式，主要用于拉接上述位置的柱与枋，见图5-44（d）。其他榫卯节点形式还包括透榫、半榫、十字卡腰榫等。

在常年的自然力（地震、雨雪作用）或人为破坏作用下，榫卯节点常常会产生破坏，并威胁古建筑结构整体稳定性能，因而很有必要对榫卯节点进行残损评估并及时采取有效加固措施。故宫古建筑大木结构属抬梁式类型（即在立柱上架梁，梁上重叠数层瓜柱和梁，再于最上层梁上立脊瓜柱，组成一组屋架），其榫卯节点的残损评估参照《古建筑木结构维护与加固技术标准》（GB/T50165—2020）中的规定，包括如下内容：榫头拔出卯口的长度不应超过榫头长度的1/4；榫头或卯口无糟朽、开裂、虫蛀，且横纹压缩变形量不得超过4毫米。下面将对故宫古建筑梁柱榫卯节点的典型残损问题进行分析，结果可为故宫古建筑维修和保护提供理论参考。

2. 典型问题

故宫古建筑由于历经时间长久，其材料性能不可避免地产生退化。同时，由于外部环境因素影响，故宫古建筑榫卯节点易出现不同类型的残损问题，并威胁到建筑整体的安全性和稳定性。这些残损问题包括拔榫、榫头变形、榫头糟朽、榫头开裂、原有加固件失效等方面，具体说明如下：

（1）拔榫。从力学角度讲，木构古建筑榫头与卯口之间的连接属于半刚性连接，节点刚度较小。在外力作用下（风、地震、人为因素等），榫头与卯口之间会产生相对滑移和转动，其间，榫头不可避免地要与卯口产生间隙，形成拔榫，见图5-45。一般而言，

照片 示意图

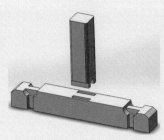

（a）神武门脊瓜柱（①）与三架梁（②）相交所用的管脚榫

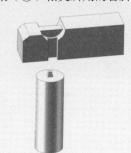

（b）军机处檐柱（①）与抱头梁（②）相交所用的馒头榫

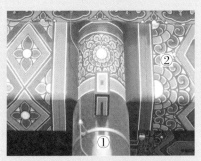

（c）神武门前檐柱（①）与额枋（②）相交所用的燕尾榫

（d）东北角楼角柱（①）与额枋（②）相交所用箍头榫

▲ 图5-44 北京故宫古建筑典型榫卯节点构造

▲ 图 5-45　北京故宫古建筑拔榫

尺寸较小的拔榫量可耗散部分外力产生的能量，从而减轻对大木构架的破坏，即对结构整体的安全性是有利的。然而榫头从卯口中拔出的尺寸过大时，一方面会削弱榫头与卯口的连接，另一方面使得榫头实际参与受力的有效截面尺寸减小。其结果很可能使榫头产生受力破坏或脱榫，从而诱发大木构架局部失稳。但是拔榫不同于脱榫，拔榫时构件仍有一定的连接和承载力，大木结构尚处于完好状态，采取及时的加固措施可避免构架破坏。脱榫则不同，脱榫是指榫头完全从卯口拔出，造成梁柱连接失效，是大木结构的破坏形式之一。由于拔榫可能导致脱榫，潜在地威胁着结构的安全性能，因而需要采取及时的加固措施。

（2）榫头变形。榫头变形是指榫头在卯口中产生相对运动的过程中，榫头受到卯口的挤压而产生变形，见图5-46。榫头变形主要包括榫头下沉和榫头歪闪两方面问题。完好的榫头与卯口本来为紧密结合状态，但是在外力作用下，榫头受到卯口挤压后，产生压缩、扭曲等变形，导致尺寸减小，即形成榫头下沉问题。榫头下沉使得榫头与卯口在竖向有一定间隔，见图5-46（a）。榫头下沉的症状是榫头截面受到削弱的体现。在外力不变的情况下，榫头截面的应力将明显增大，很容易产生内力破坏，并导致结构局部失稳。榫头下沉亦削弱了榫头与卯口的连接，使得在外力作用下产生拔榫的可能性增大。榫头歪闪一般是指在水平外力作用下，榫头与卯口之间产生水平向的相对错动或扭转，致使榫头产生扭曲变形，见图

5-46（b）。由于在正常情况下榫头与卯口是紧密连接的，因此当卯口变形不严重时，榫头歪闪很可能反映了榫头已产生开裂或局部扭断的情况，因而需要采取加固措施。

（3）榫头糟朽。易糟朽是木材的材性缺陷之一。在潮湿环境下，木材很容易产生糟朽问题，其主要原因在于水分加剧了木腐菌对木材的侵蚀。产生糟朽的榫头受力截面产生折减，易产生较大的内力。故宫木构古建筑的榫卯节点存在榫头糟朽的残损问题。图 5-47 即为故宫某古亭攒尖木构架榫头糟朽照片。榫头糟朽问题常见于屋顶部位，或出现在墙体内的榫卯节点上，上述位置的共同特点是环境潮湿，且潮湿的空气不易排出。当屋顶或墙体渗水，水流入榫卯节点位置时，在缺乏通风的条件下，榫头很容易糟朽，这导致榫头与卯口之间的连接性能受到削弱。在外力作用下，榫卯节点的拉接力迅速降低，很容易产生脱榫并导致木构架局部失稳，从而使得结构整体安全性能受到影响。

（a）榫头下沉

（b）榫头歪闪

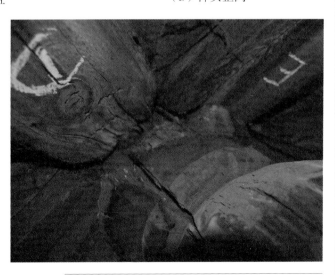

▲ 图 5-47　北京故宫某古亭攒尖木构架榫头糟朽

◀ 图 5-48　北京故宫古建筑榫头开裂

（4）榫头开裂。木材具有易开裂的材性缺陷，木材在干缩过程中，由于各部分收缩不一致而产生内应力，致使薄弱环节开裂。位于梁端的榫头同样存在开裂问题。

由于本身干缩或外力作用原因，榫头易产生裂纹。如图 5-48 所示的双步梁出现了水平贯穿裂纹，直至榫头。该榫头裂纹由梁身破坏而引发。由于榫头破坏，榫卯节点的承载力降低，双步梁出现了局部下沉问题。另榫头在与卯口挤压、咬合的相互作用的过程中，榫头亦产生开裂。榫头产生裂纹后，其与卯口的连接性能迅速降低，在外力作用下更易产生拔榫，并易导致木构架局部失稳。此外，对开裂的榫头而言，其与卯口之间的咬合不再紧密，这使得微生物、雨水等易沿着裂纹位置进入榫卯节点内部，易造成其他残损问题。榫头开裂问题威胁古建筑的安全，因而应采取及时有效的加固措施。

（5）加固件松动。此处的加固件是指铁件。铁件是明清官式木构古建筑加固的主要材料。加固件用于榫卯节点加固时，在一定情况下会出现松动的问题。故宫加固榫卯节点的方法，一般以铁件加固为主，如采用铁钉、铁片连接梁柱节点。铁件加固法虽然可提高节点的强度和刚度，但是由于铁件自身存在易锈蚀问题，因此加固件在历经数年后会产生锈蚀，并导致本身松动。从铁件拉接方向上看，部分加固方法是拉接水平向的榫卯节点，但是加固件由竖向钉入，见图 5-49 所示。在这种情况下，若梁身受到的竖向力（方向向下）大于铁件对梁端的嵌固力（方向朝上），则很可能导致加固件被拔出。此外，铁件加固木构件在短时间内有较好的效果，但随着时间增长，木构件因为变形、开裂等原因，榫卯节点与铁件的连接亦会减弱，导致铁件松动。加固件出现松动后，榫卯节点的强度回到了未加固状态，其承载能力迅速降低，

第五章 科学保护

从而对结构整体的稳定性构成威胁。需要说明的是，榫卯节点的典型残损还包括卯口的变形、开裂等，由于其破坏原因及加固方法与榫头类似，故不进行详细论述。

▲ 图 5-49 北京故宫古建筑加固件松动

3. 原因分析

故宫古建筑榫卯节点产生不同类型的残损问题，其原因与多种因素有关，如榫卯节点的构造特征、外力作用、材料老化、施工管理不当、木材材性缺陷等，具体说明如下：

（1）构造原因。榫卯节点的构造特征表现为：无论是梁端的榫头，还是柱顶的卯口，在连接处都要削掉一定部分，再进行连接，见图5-50。尽管榫卯节点的构造特征有利于其发挥摩擦耗能的能力，但该特征是榫卯节点产生残损问题的主要原因之

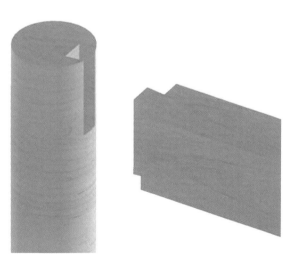

▲ 图 5-50 榫头与卯口构造示意图（以燕尾榫为例）

一。这种构造特征一方面使得榫头、卯口的截面尺寸均小于其他位置的截面尺寸，在外力作用下更容易产生拔榫等形式的破坏；另一方面，榫卯节点是由两个构件连接而成，与单一的梁、柱构件相比，其整体性能要差，即在外力作用下，节点位置更容易产生拉、压、弯等形式的破坏。榫卯连接形式虽然使得木构件之间得以拉接，但对构件本身而言，无论其采用何种形式的榫卯节点，其榫头或卯口的截面尺寸及有效受力截面尺寸均不足，因而在该位置易因承载力不足，产生拔榫、开裂、变形等残损问题。

（2）外力原因。榫卯节点的榫头与卯口之间存在挤压、摩擦、咬合等作用，这是榫卯节点承载力的主要来源。这种承载方式有利于耗散外部能量，减小外部能量对木结构整体的破坏。但相对于地震力、风力等外力作用而言，榫卯节点提供的承载力是较低的。在外力作用下，榫卯节点很容易产生不同形式的破坏。对古建筑常见的拔榫问题而言，在水平外力（如风、地震）作用下，榫头绕卯口转动尺寸过大时，很容易导致榫头从卯口拔出。2008 年 5 月 12 日，汶川地震造成四川省剑阁县某古建筑木构架拔榫（如图 5-51），并直接导致该木构架产生侧移（局部达0.22 米），严重威胁古建筑的安全。在外力作用下，榫头或卯口亦可能产生强度破坏。如当外力超过榫头的抗压、抗弯、抗剪承载力时，榫头会出现变形、开裂等问题。

▲ 图 5-51　四川省剑阁县某古建筑木构架拔榫

（3）材料原因。木材虽然有良好的变形和抗压、抗拉性能，但存在不利于受力的材性缺陷。树木在生长过程中，由于生理过程、

▲ 图 5-52　北京故宫古建筑木材材性缺陷之干缩裂纹

遗传因子等因素的影响，不可避免地产生节子、裂纹等。而加工使用后的木材因为干缩、菌类侵蚀、外部作用等原因，很容易出现开裂（裂纹扩展）、糟朽等缺陷。以木材常见的开裂问题（见图 5-52）为例，木材的干缩特性使其易出现不同方向的裂纹。而在外力作用下，其开裂程度会加剧。对榫卯节点而言，其有效受力截面本来就很小，一旦榫头或卯口出现上述缺陷，其损坏的可能性要增大。另木材材料的物理特性为各向异性，这使得在外力作用下，榫卯节点沿各方向受力不均。此外，对故宫常采用的铁件加固材料而言，虽然其具有较强的拉接力，可在一定程度上抑制节点变形，但铁件材料在空气中易发生锈蚀，因而很容易发生松动并降低加固效果。

　　（4）施工问题。由于榫卯节点是由梁端榫头和柱顶卯口拼合而成的，上述任一构件或整个节点的施工过程出现不利于拼合的情况时，均有可能使榫卯节点产生残损问题。榫卯节点的施工问题包括加工问题、运输问题及安装问题。加工问题即由于材料变形、初始裂纹、加工技术水平等原因，造成榫卯节点的加工尺寸与理论尺寸存在偏差，并存在残损隐患。运输问题则是指加工后的榫卯节点

▲ 图5-53 某工程待安装的燕尾榫榫头

在运输过程中，因为外力作用而产生局部破坏。如图5-53所示的某燕尾榫榫头，在工地中尚未安装，但榫头左上角因加工或运输原因出现小的缺角（见圆圈内部分），榫头下部有轻微水平裂纹（见虚线部分），这些都是不利于榫卯节点安装及受力的。安装问题即榫卯节点安装过程中出现接缝不严或由于用力不当、技术水平有限等造成的残损问题。如梁或柱的位置未完全对齐；榫头、卯口尺寸不完全匹配；用力不当造成的榫头或卯口损坏、变形等。上述原因均可使榫卯节点产生变形、开裂等残损问题。

（5）外部环境因素影响。如在潮湿的环境中，榫卯节点易产生糟朽问题，长时间处于潮湿的环境下，木材的弹性模量会逐渐降低，易增加榫卯节点的变形量；长时间处于荷载作用的环境条件下，木材会产生徐变，亦增加了榫卯节点的变形等。

4. 加固方法

对于榫卯节点的典型残损问题，通常采取的加固方法有：

（1）铁件加固法。铁件加固法是故宫古建筑榫卯节点加固时常采用的方法。即利用铁件材料体积小、强度高的优点，将其固定在榫卯节点位置，并通过参与受力，来减小甚至避免榫头或卯口的破坏。铁件可做成不同形式，以便于加固。如对于梁柱拔榫节点，可采用厚约10毫米的铁片，用铆钉固定在榫卯节点位置。此时榫卯节点受到的外力主要由铆钉承担。对于拔榫的檩构件，可将铁件两端做成弯钩，直接钉入节点两端的构件内。此时榫卯节点受

（a）照片（北京故宫云光楼）　　　　　　（b）构造示意图

▲ 图 5-54　北京故宫古建筑过河拉扯加固做法

到的外力主要由铁件端部的弯钩部分承担。

过河拉扯加固做法。当直榫卯口贯穿整个柱子截面时，可采取该加固方法。其具体做法：用两根较长的扁铁，从柱子的卯口内上下端分别贯穿柱身，扁铁两端分别用铆钉连接榫头，见图 5-54。该加固条件下，榫卯节点受到的外力由铆钉承担。由于铁件的抗弯、抗剪承载力远大于木材，因而这种加固方法有效地避免了节点的破坏。

（2）铁件加固法的改进。故宫古建筑采取的传统铁件加固方法可提高榫卯节点的强度和刚度（即硬度），但也存在破坏木构件、不利于检修等问题。用扒锔子加固檩端部的榫卯节点后，虽然可提高节点的抗拉强度，但是对檩头也造成了破坏，使得檩头产生破坏裂缝。此外，固定在檩头的扒锔子，属不可逆加固操作，即扒锔子无法灵活拆卸或更换。因此，传统的铁件加固方法存在不足之处，需要改进。改进后的加固装置除具备提高榫卯节点的承载力之外，还应满足相关文物保护文件规定的"对原有结构扰动小或无扰动""加固过程可逆（加固件易于装拆）"等要求。

笔者参与研发了一款改进的榫卯节点加固装置，其构造及照

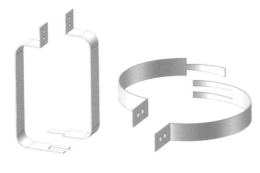

（a）铁件 1 和铁件 2

（b）节点正立面照片

▲ 图 5-55 一种改进合理的榫卯节点加固方法

▲ 图 5-56 北京故宫古建筑支顶加固法

片见图 5-55。该加固装置由固定榫头的铁件 1 及固定卯口的铁件 2 组成。铁件 1 和铁件 2 包裹在榫卯节点位置，且通过螺栓固定。在加固榫卯节点时，可根据所需加固力调节螺栓的松紧程度，使得这种"包裹"的加固装置提供的加固力大小可以适当变化。该加固装置可满足榫卯节点的加固强度需求，易于装拆，且螺栓位于梁顶，观众在下方不易察觉。通过采取水平低周反复加载试验，研究了采取该种加固方法的效果。试验结果表明：这种"包裹式"加固方法及加固装置可有效地提高榫卯节点的承载力和刚度，弥补了传统铁件加固方法存在的不足。

（3）支顶加固法。支顶加固法是指在柱内侧增设辅柱，用辅柱柱顶来支撑拔榫的榫头的方法，见图 5-56。对拔榫的节点而言，榫头在卯口内的搭接量不足很可能会引起节点受力破坏或脱榫（即榫头完全从卯口拔出），从而导致节点失效。而通过辅柱支顶方式，则可有效解决榫头的搭接量不足问题。与铁件加固法相比，该法有一定的不足之处，其主要表现为：在水平外力（如地震、风）作用下，榫头晃动尺寸过大时，仍有可能从辅柱顶部脱落。其主要原因在于，辅柱仅提供了对榫头的竖向支撑，并没有限制榫头绕卯口的转动。

（4）钢—木组合结构加固法。该种方法主要用于变形、破坏比较严重的榫卯节点的加固。如故宫午门梁架加固及太和殿顺梁榫头加固均采用此法。该种加固方法的操作流程为：制作门字形平面木框架，框架中各木构件之间采用钢板连接。平面框架主要用于支撑下沉的梁枋，而梁枋产生下沉的主要原因在于其端部榫卯节点变形、开裂、糟朽、截面尺寸不足等导致的承载力不足。下面以太和殿某顺梁榫头加固工程为例，对该方法进行说明。

太和殿大修前，故宫博物院技术人员对该建筑进行了勘查（2006年），以了解其安全现状。勘查发现，太和殿三次间正身顺梁的榫头出现了残损问题，具体表现为榫头产生下沉，尺寸约为100毫米。该榫卯节点原有的加固铁件已锈蚀、掉落。笔者基于太和殿顺梁构造特征及其上部屋架结构传力特点，开展了理论分析和数值模拟研究工作，分析了榫头产生下沉的原因，认为该位置的拉、弯、剪应力过大，导致了榫卯节点的破坏。加固前的榫卯节点见图5-57所示。

经研究，采用钢—木组合结构对下沉的顺梁进行加固。具体做法为：

（a）节点俯视　　　　　　　　　　（b）梁架整体

▲ 图5-57　北京故宫太和殿正身顺梁加固前（①顺梁 ②童柱 ③天花枋）

①制作龙门架。龙门架由三根木枋组成，各木枋截面尺寸均为300毫米×300毫米。各木枋用钢板和螺栓连接。钢板截面尺寸及螺栓直径由计算确定。

②采用倒链工具安装龙门架，龙门架顶部支撑顺梁，底部则斜向固定于两端童柱柱脚上。该种支撑形式使得部分顺梁传来的荷载通过斜向枋子传给了童柱柱脚，天花枋则受到很小的扰动。

③在童柱柱根位置安装花篮螺栓，以防止斜向枋子产生的外力过大。

（5）CFRP布加固法。目前，CFRP已较广泛应用于土木工程领域混凝土结构、钢结构、砌体结构等结构类型的加固工程中。CFRP材料亦可用于加固古建筑榫卯节点。将CFRP布包裹在榫卯节点区域，利用CFRP布提供的包裹力，来承担榫卯节点受到的部分外力，相应减小榫卯节点的变形与破坏。如图5-58所示为故宫太和殿某榫卯节点加固试验模型照片，加固方式为采用一层CFRP布包裹榫卯节点，用厂家提供的配套碳纤维胶进行粘贴。分别进行榫卯节点加固前和加固后的抗震性能试验，结果表明：CFRP布加固后的榫卯节点承载力、刚度均有大幅度提高，且加固后的节点仍然有良好的抗震性能。

▲ 图5-58　北京故宫太和殿CFRP布加固榫卯节点试验

5. 小结

该部分以故宫古建筑为例，讨论了我国古建筑榫卯节点的典型残损问题，分析了产生问题的不同因素，结合工程实例，提出了可行性加固建议。研究主要结论如下：

（1）榫卯节点的典型残损问题有节点拔榫、榫头或卯口变形、榫头糟朽、榫头开裂、原有加固件失效等。

（2）引起榫卯节点残损问题的内因主要为木材材性缺陷，外因包括榫卯连接的构造特征、施工管理因素、外力作用、外部环境因素等。

（3）本研究提出的铁件包裹、铁件拉接、木柱支顶、CFRP布包裹等方法，可有效应用于榫卯节点的残损加固。

（五）斗拱

故宫古建筑属于明清官式大木结构，其斗拱按所在建筑物位置，可分为外檐斗拱和内檐斗拱。外檐斗拱位于建筑物外檐部位，包括平身科、柱头科、角科、镏金、平座等类型斗拱；内檐斗拱位于建筑物内檐部位，包括品字科斗拱、隔架斗拱等。斗拱的主要组成构件包括：①斗：方形斗块，上侧开十字口；②拱：略似弓形，位置与建筑物表面平行；③翘：形式与拱相同，方向与拱正交；④升：方形斗块，上侧开一面口；⑤昂：翘向外特别加长，且斜向下垂；⑥枋：连接每一攒斗拱的方木条。图5-59为故宫太和殿外

（a）平身科（位于柱子之间的斗拱）

（b）柱头科（位于柱头之上的斗拱）

（c）角科（位于转角位置的斗拱）

◀ 图5-59 北京故宫太和殿一层斗拱照片

檐一层斗拱照片，可说明斗拱的组成及不同构件的位置。

由于木材具有易开裂、易糟朽、易变形等缺陷，因此在不同因素作用下，斗拱不可避免地会出现开裂、糟朽、变形等残损问题（即处于无法正常受力、不能正常使用或濒临破坏的状态），对结构整体的稳定性构成一定威胁。由此可知，对古建筑斗拱进行残损评估并采取可靠加固措施具有重要意义。根据《古建筑木结构维护与加固技术标准》（GB/T50165—2020）规定，斗拱的残损点确定依据为：整攒斗拱变形明显或错位；拱翘折断、小斗脱落，且每一枋下面连续两处发生；大斗明显压陷、劈裂、偏斜或移位；整攒斗拱的木材发生腐朽、虫蛀或老化变质，并影响斗拱受力；柱头或转角处的斗拱有明显破坏现象。在此基于上述相关规定，以故宫古建筑斗拱为研究对象，探讨典型残损问题，分析其产生原因，提出加固建议，结果可为我国古建筑修缮加固提供参考。

1. 典型问题

基于对故宫大量古建筑的勘查结果，归纳出斗拱的典型残损问题主要包括如下几个方面：

（1）开裂。即斗拱构件产生破坏性裂缝，主要表现在坐斗位置或斗拱后尾的受压开裂。如图5-60（a），坐斗上部荷载经斗拱构件由上至下层层传递，最终传给坐斗，结果造成坐斗承受较大的集中荷载。当坐斗横纹抗压截面尺寸不足时，很容易产生水平裂缝。而图5-60（b）中某角科斗拱昂构件产生水平通缝，主要由于屋面

（a）坐斗开裂

（b）昂开裂

▲ 图5-60 北京故宫古建筑坐斗、昂开裂

荷载通过昂上部的宝瓶传给昂，造成昂受到的集中力过大，从而形成水平剪切裂缝。斗拱构件开裂实际上意味着该构件已产生局部破坏。若不及时采取可靠加固措施，裂缝将进一步扩展，导致构件完全失效，并且诱发斗拱整体产生倾斜或歪闪。

（2）松动、缺失。即斗拱的部分构件松动，甚至脱落于斗拱整体，造成缺失。如图5-61（a）所示某内拽瓜拱脱离于下部构件的卯口，并产生严重松动。图5-61（b）所示某斗拱侧耳缺失，侧耳连接松动后，在很小的外力作用下便产生脱落。斗拱松动是斗拱整体性能下降的表现，而当斗拱主要承重构件（如正心瓜拱、槽升

◀ 图5-61 北京故宫古建筑斗拱构件松动、缺失

（a）内拽瓜拱松动　　　　（b）斗耳缺失

子）产生松动时，很容易造成该构件偏心受力从而产生破坏，诱发斗拱产生变形、开裂等问题，对结构整体稳定性不利。

（3）变形。即斗拱构件产生歪闪、错位、扭翘等变形问题。当斗拱构件安装偏差过大，上部传来的荷载过大，或者斗拱上部的构件产生歪闪、变形时，很容易引起斗拱构件变形。斗拱变形反映了其处于非正常受力状态，不仅意味着变形构件与其他构件的连接削弱，而且对斗拱整体的承载性能造成不利影响。如图5-62所示的翘在坐斗内产生倾斜，造成坐斗处于偏心受力状态，很可能引

▲ 图5-62 北京故宫古建筑斗拱构件变形

起斗拱整体错动或者坐斗受压劈裂破坏，因而需要及时采取加固措施。

（4）糟朽。即斗拱构件长期处于潮湿、封闭的环境中，受到木腐菌侵蚀，不但颜色发生改变，而且其力学性质也发生改变，最后木材结构变得松软、易碎，呈筛孔状或粉末状等形态。斗拱糟朽位置常见于角科斗拱内侧。该位置为容易渗漏雨水的位置，且空气流通不畅，见图5-63所示。斗拱构件糟朽后，其有效受力截面减小，这样变相增大了斗拱受到的外力，增大了斗拱受力破坏的可能性。此外，斗拱构件糟朽后，其重心产生了变化，构件处于偏心受力状态，从而易诱发开裂、变形等问题。

▲ 图5-63 北京故宫古建筑构件糟朽

（5）原有加固件失效。即原有对斗拱采取的加固措施，由于种种原因不能发挥作用，使得斗拱仍处于残损状态。如图5-64所示斗拱后尾采取铁钩进行加固，以减小上层斗拱构件的变形。铁钩一端连接斗拱上层，另一端连接在额枋上。然而由于时间长久，铁钩均已锈蚀，连接上层斗拱的位置的铁钩产生松动，个别甚至脱落，使得加固效果降低或消失。由于加固件失效，斗拱上层构件仍处于不可靠状态，很可能在外力作用下产生松动、变形。

▲ 图5-64 北京故宫古建筑加固件失效

2. 原因分析

通过分析归纳，可得故宫古建筑斗拱产生典型残损问题的主要原因包括如下几个方面：

（1）构造原因。从构造角度讲，斗拱是由斗、拱、升、翘等诸多细小木构件组成的装配体，各构件彼此搭扣，且在上下向采取暗销来连接，见图5-65。这种构造特征使得装配体系很难在外力作用下保持整体性，其原因在于暗销的截面尺寸很小，在水平外力（如风力、地震力）作用下，暗销很容易折断，导致构件之间产生错动。对图5-60（a）中的坐斗而言，其在构造上位于斗拱装配体系最底部，需承担上部分层构件传来的作用力，但由于坐斗截面尺寸不大，因而很容易产生横纹受压破坏。对图5-60（b）中的昂而言，其在构造上位于宝瓶下端，需承担宝瓶传来的竖向集中荷

▲ 图5-65　北京故宫古建筑斗拱及暗销

载，受力过大，因而很容易产生剪切破坏。此外，当斗拱装配体系中的某个构件破坏时，体系整体的传力途径就要发生改变，这对其他构件的受力将产生不利影响，并导致构件松动、开裂、变形等问题出现。由此可知，斗拱的构造特征是诱发其出现各类残损问题的重要因素。

（2）材料原因。木材的材性特征对其残损问题有较大的影响。木材横纹抗压强度低，因而坐斗很容易产生横纹受压破坏；木材抗剪强度低，因而在水平外力作用下构件之间的暗销很容易产生剪切

破坏；木材易干缩变形，这是引起斗拱构件之间松动及变形的主要诱因；木材在潮湿、密闭环境中容易受到木腐菌的侵蚀，因而某些部位的斗拱很容易产生糟朽问题；木材材性具有各向异性，在外力或自然因素作用下，形成了其力学性质的不一致性，并导致开裂，这是斗拱构件容易出现开裂问题的主要原因。此外，对铁件加固材料而言，铁件材料长时间在空气中会发生锈蚀，会造成铁件连接松动或断裂，使得加固斗拱的效果降低或消失。

（3）施工原因。斗拱在加工、安装过程中产生的偏差也容易导致残损问题出现。如斗拱构件搭扣的预留卯口尺寸过大时，会导致搭扣件产生松动；斗拱分层构件安装位置不正确时，会导致部分构件偏心受力并产生变形、开裂等问题。某些斗拱构件并非严格按构造原则安装，而是出于装修需要贴补上去的，因而与斗拱整体并未形成很好的连接。在外力作用下，这些贴补构件很容易产生脱落问题。此外，由于斗拱是由众多小构件组装形成的装配整体，任何构件的安装质量问题都将对斗拱装配体的力学性能产生不利影响。

（4）外力原因。外力作用是斗拱产生残损问题的重要原因。斗拱由很多小的承重构件装配而成，这些小构件的有效受力截面很小，承载能力有限，且构件之间采用的连接件强度偏低，较小的外力作用即可导致构件或连接件破坏。如前所述，在水平外力（如地震力）作用下，斗拱分层构件之间很容易产生错动、翘曲，并容易导致斗拱装配体失效。外力作用可破坏斗拱构件之间的连接，如造成暗销折断，搭扣件预留的卯口尺寸受挤压或过大等，导致斗拱构件松动、歪闪、脱落。

坐斗对于其他构件而言，更容易受损。斗拱在传递屋顶传来的竖向荷载给柱子的过程中，拱、昂、翘等构件将荷载集中在坐斗位置，再传至柱顶，其间拱与翘相交处易产生劈裂或折断。柱额、基础的下沉或上架大木发生歪闪时，介于两者之间的斗拱层在维持构架平衡时，层层叠承的拱枋易歪闪、变形，随之前倒或后倾，直接导致坐斗底部的受力面积减小，从而引起坐斗开裂。另由于木材材性缺陷而产生开裂问题时，坐斗作为底部集中受力部位，在受压时裂隙逐渐增大，开裂部分偏移，重心脱离平板枋支撑，易产生侧向变形并导致失稳，从而影响上架木构架的稳定，这也是屋顶局部产生凹凸不平的诱因之一。此外，研究表明：经过600~900年后，木材的抗拉强度及横纹抗压强度降低的系数值最大，尤其横纹强度可降低80%。由此可知，即使上部荷载变化很小，坐斗在数百年受荷条件下，很容易发生因材料强度降低而横纹受压破坏的情况。

3. 加固方法

基于国内外已有成果，对故宫古建筑斗拱出现的残损问题，可采取如下加固方法：

（1）重新安装法。当斗拱受损构件较多，且严重影响斗拱整体受力性能时，可采用重新安装的方法。重新安装法即为把整攒斗拱卸下，对其中残损的构件进行修补、更换，重新组装后，再将斗拱归位的方法，见图5-66所示。斗拱重新安装法一般是随着屋面揭瓦过程而实施的，其优点在于斗拱的残损构件能够得以更换、修复，因而重新安装后的斗拱承载能力基本恢复如初；不足之处在于，重新安装法对原有斗拱的下部柱架结构有扰动。

在进行斗拱更换时，应注意：①维修斗拱选用的木材，其含水率不得大于当地的木材平衡含水率；②添配昂嘴和雕刻构件时，应拓出原形象，制成样板，核对后方

▲ 图5-66　重新安装法（北京故宫慈宁门）

可施工；③凡是能够整攒卸下的斗拱，应先在原位置捆绑牢固，整攒轻卸，标出位置，堆放整齐；④斗拱中受弯构件的相对挠度，如未超过 1/120 时，均不需更换；⑤为防止斗拱构件位移，修缮斗拱时，应将小斗与拱之间的暗销补齐；⑥对于斗拱残损构件，凡能用胶粘剂粘接而不影响受力者，均不得更换。

（2）局部更换法（补配归安）。当斗拱仅部分构件产生糟朽、严重开裂、缺失等残损问题或原有加固件失效时，可采用局部更换法。即按原材料、原工艺原则制作新的斗拱构件或加固件，代替残损构件或原有加固件。如应县木塔各层平座斗拱外跳，因风雨侵蚀、年久失修、军阀混战时遭到炮击等，其斗、拱、枋等不少构件产生腐朽、残缺、断裂。在 20 世纪 70 年代末，采取补配归安方法进行了修整，即能补者补，不能补者配新，依原制归安后，用铁件拉紧，对二、三、五层平座斗拱更换素方、出头木 112 根，补配华拱（翘）、令拱（厢拱）、斜拱 13 个，补配大斗、散斗（三才升）、交互斗（十八斗）204 个。

（3）胶粘法。即采用胶材料来加固斗拱构件，多用于不严重的开裂构件、脱落的细小构件等。如对于开裂的斗，断纹能对齐的，可采用胶粘牢；劈裂未断的拱，可采用胶灌缝粘牢；断落的斗耳，按原尺寸样式补配后，可用胶粘法恢复至原位置；昂嘴脱落时，照原样用干燥硬杂木补配，与旧构件相连接，采取平接或榫接做法，见图 5-67 所示。所选用的胶一般为耐水性胶粘剂，如环氧树脂胶、

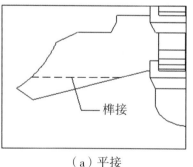

（a）平接

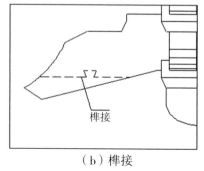

（b）榫接

图 5-67　昂嘴粘接做法

苯酚甲醛树脂胶、间苯二酚树脂胶等。胶粘法的优点在于，加固后的斗拱外观不受影响，且加固后的斗拱整体具有较好的承载力。该法的不足之处为当斗拱中尺寸较大的，或者起主要承重作用的构件出现严重残损（如开裂、糟朽）时，其加固效果相对较差，不宜采用。

（4）化学加固法。对于斗拱构件中的轻度腐朽部位，可采用防腐加固法，即在构件表面涂刷油溶性防腐剂。如MFO-1是一种以煤油作为溶剂的防腐剂，其主要成分是五氯酚。配置成4%煤油溶液使用，五氯酚具有极强的防腐、防虫功效，是木材防腐中曾广泛使用的一种高效防腐剂。由于那些腐朽部位往往不能彻底去掉，会留下隐患，为此，采取该类型防腐剂进行涂刷，以彻底根绝以后产生腐朽的隐患。

（5）铁件加固法。即采用铁钉、铁箍、螺栓等铁件材料加固斗拱构件的方法。铁件材料的优点是体积小，强度大，不易产生受力破坏，加固木构件具有效果好、施工方便等优点。铁件材料加固斗拱的应用及方法包括：对于脱落的斗耳构件，采用胶粘法贴补后，可再用铁钉钉牢；对于正心枋、外拽枋、挑檐枋等截面尺寸较大的斗拱构件，若出现开裂则可用螺栓固定再粘牢，若出现严重糟朽则可截去糟朽部分，换同样规格的新料代替，新旧料粘牢，再用螺栓固定；对于因木材横纹受压强度低造成坐斗压陷平板枋的问题，可采用在平板枋上部安装5~10毫米厚钢板的方法〔图5-68（a）〕，

（a）坐斗底部安装钢板（北京故宫武英殿）　（b）扁钢加固斗拱层（日本镰仓大佛殿）

▲ 图5-68　铁件加固斗拱

以抑制平板枋的竖向变形及横纹受压破坏；对于分层松散的斗拱构件，可采用扁钢对上下层进行整体拉结，以提高斗拱的整体刚度及承载性能［图5-68（b）］；某些角科斗拱后尾出现糟朽问题时，可用同规格新料代替糟朽部分，新旧料之间用铁箍箍牢。

4. 小结

该部分采取现场勘查与归纳分析相结合的方法，探讨了故宫古建筑斗拱的典型残损问题，得出如下结论：

（1）故宫古建筑斗拱的典型残损问题包括开裂、松动、缺失、变形、糟朽、原有加固件失效等。

（2）斗拱残损的产生原因与木材及加固件的材料性质、斗拱构造、施工质量、外力作用等因素相关。

（3）适用于残损斗拱的加固方法有重新安装法、局部更换法、胶粘法、化学加固法、铁件加固法等。

（六）墙体

我国古建筑以木结构为主，其构造主体包括基础、木构架、屋顶及墙体。古建筑墙体一般是指古建筑中用砖石材料砌筑而成的围护部分。按所处的不同位置，古建筑墙体可分为槛墙、檐墙、廊墙、山墙、夹山等种类。其中，槛墙即窗户槅扇之下的墙体；檐墙即檐檩下侧的围护墙；廊墙即处于廊子部位的内墙；山墙即建筑两侧的围护墙，处于桁檩端头的下侧；夹山又名隔墙，是与山墙平行的内墙。从工艺角度讲，古建筑墙体砌筑方法一般为下碱（即墙体下部用以防潮隔碱的位置）多采用干摆或丝缝做法，上身则糙砌抹灰。干摆即磨砖对缝墙面做法，砖要经过砍磨加工，后口灌浆，墙表面无明显灰缝，平整、细致；丝缝即砖经砍磨加工，挂老浆灰砌筑，后口亦灌浆，表面仅留一条很细的缝。从功能上讲，古建筑中木构架为承载主体，墙体一般起围护作用。但从力学角度考虑，墙体仍有一定的结构作用。如在木构架受到一般静力荷载作用时，墙体可减小上部额枋产生的竖向挠度及内力（墙体与其上部额枋之间存在小的间隙，在静力作用下，额枋产生竖向挠度，与墙体接触并传递部分内力给墙体）；在地震时，由于墙体刚度远大于木构架，因而可约束木构架的侧移，减小木构架产生倒塌的可能性。由此可知，墙体的可靠性对古建筑整体的安全性能有一定的影响。图 5-69 所示为故宫太和殿墙体照片及墙体平面分布图。

　　由于砖石属脆性材料，且长期暴露在空气中，在外力及自然因素作用下，难免会产生残损问题（即处于无法正常受力、不能正常使用或濒临破坏的状态），从而影响建筑整体的正常使用。因此，对古建筑墙体进行残损评估并采取可靠的加固措施具有重要意义。在此以故宫古建筑墙体为主要研究对象，基于大量勘查及分析结果，探讨古建筑墙体的典型残损问题，分析其产生原因，提出相关加固方案，结果可为古建筑修缮加固提供参考。

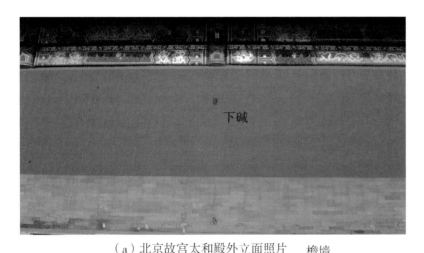

（a）北京故宫太和殿外立面照片

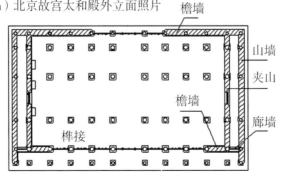

▲ 图 5-69　北京故宫太和殿墙体

（b）墙体平面分布图

1. 评估内容

参照《古建筑木结构维护与加固技术标准》（GB/T50165—2020）第 6、2、9 条规定，墙体的残损问题判定依据包括如下内容：

（1）墙体风化：墙体风化 1 米以上的区段内平均风化深度与墙厚之比为 ρ，当墙高 H 不超过 7 米时，$\rho > 1/5$ 为残损；当 H 超过 7 米时，$\rho > 1/6$ 为残损。

（2）倾斜：对于单层房屋，H 不超过 7 米时，$\Delta > H/250$ 为残损；H 超过 7 米时，$\Delta > H/300$ 记为残损，其中 Δ 为墙体倾斜尺寸。

（3）裂缝：因受力而出现裂缝，则记为残损；非受力裂缝，若为竖向通长裂缝，或者裂缝宽度大于 5 毫米，则记为残损。

2. 典型问题

基于对大量古建筑的勘查结果，并参照上述古建墙体残损点评估内容，可将木构古建筑墙体典型残损问题（含产生残损的主要诱因）归纳为如下五个方面：

（1）酥碱。墙体（尤其是下部）长期暴露在空气中，因风化作用，很容易产生酥碱问题。该问题主要表现为在空气、水、生物作用下，砖块逐渐变成碎块或粉末，砖表面一层一层剥落，风化处砖的颜色变浅，见图 5-70。酥碱问题不能及时解决时，随着墙体酥碱范围增大，其有效受力截面尺寸减小，很可能发生墙体开裂、倒塌等问题，进而影响墙体结构及正常使用。

（2）返碱。墙面返碱是墙体产生残损的典型诱因之一。返碱指修缮一新的砖墙表面析出白色粉末

图 5-70　墙面酥碱

状或者絮状的物质，见图5-71。返碱不仅影响墙体外观，而且对结构产生很大破坏却不易发现，盐在结晶过程中，由于结晶盐不断长大、增多，所产生的内应力和体积膨胀会使砖体产生裂纹和破碎，导致砖墙结构松散，强度及稳定性下降。

▲ 图5-71 墙面返碱

（3）开裂。即墙体产生裂缝的问题，常见于下槛及后檐墙体。裂缝有横向及竖向、间断及贯通等形式，而竖向贯通裂缝则预示墙体产生破坏，见图5-72。除外力作用外，温度变化、地基不均匀沉降也可引起墙体开裂。墙体开裂意味着墙体承载能力降低，会导致木构架变形和内力作用减弱，这虽不至于对木结构稳定性构成威胁，但不利于木构件抵抗水平的维持和竖向外力作用的发挥，因而很容易产生过大变形或加剧木构架破坏。所以采取措施减轻或避免墙体开裂具有一定的意义。

▲ 图5-72 墙身开裂

（4）空鼓。即墙体外皮砖向外鼓出，甚至产生脱落，常见于下槛部位，见图5-73所示。墙体鼓闪初期对内层砖造成的影响不大，这主要与墙体施工工艺密切相关。墙体鼓闪后，若不及时采取加固措施，则将造成墙体的有效承载截面不足，

▲ 图5-73 墙体鼓闪

很容易导致剩余截面在外力作用下产生开裂、变形等问题。此外，部分砖块脱落后，雨水入侵，会使墙体内层部位产生风化等问题，进而导致墙体对木构架的受力贡献减小甚至丧失。由此可知，对墙体空鼓问题应及时采取加固措施。

（5）变形。正常情况下，古建墙体一般保持为竖直状态。然而，在不同因素作用下，墙体会产生变形。这既包括地基不均匀沉降造成的竖向变形（图5-74），也包括在地震作用下沿垂直墙面方向的歪闪，还包括墙体砌筑材料老化导致自身承载力降低，进而产生的竖向或扭曲变形。由于墙体属脆性材料，因此其变形

▲ 图5-74 墙体变形

过程往往伴随开裂。墙体变形严重威胁墙体的功能，主要表现为竖向变形导致墙体产生剪切裂缝，而侧向变形使墙体处于偏心受力（自重为主）状态，在外力作用下很容易产生倒塌。

3. 原因分析

通过分析归纳，可得故宫古建筑墙体产生典型残损问题的主要原因包括如下几个方面：

（1）外力原因。墙体出现残损问题的重要原因有外力过大、构件自身承载力不足或构件之间的连接强度过低等。对于墙体开裂而言，当地基不均匀沉降对墙体产生较大的剪切力，或木构架倾斜对墙体产生压力，致使承载力强度不足时，会导致墙体开裂；对墙体鼓闪而言，外层砖与内部墙体黏结力不强时，墙体在水平或竖向荷载作用下很容易产生鼓闪、脱落。

（2）施工问题。该问题包括施工工艺、施工材料、施工质量

等方面。从工艺角度讲，古建筑下碱墙体在施工时，一般先糙砌内墙，再细作外层墙（仅一层砖），外墙与内墙之间通过灰浆粘接，即采用灌浆做法。一方面，糙砌的墙体强度较低；另一方面，施工时，若粘接材料（即灰浆）强度不足或含量过低，则墙体外层砖与内部砖之间的黏结力不牢，上述因素均会导致墙体产生空鼓、变形等。此外，墙体砌筑时灰浆强度低会导致墙体易受外力作用而产生残损，墙体下基础施工质量较差时会导致墙体产生不均匀下沉问题。

（3）自然因素。古建墙体产生酥碱的原因在于上述材料暴露于空气中，在与大气、水及生物接触过程中发生物理、化学变化，在原地形成松散堆积物。研究表明：温度的交替变化、水的冻结与融化使砖坯墙体裂解成碎块；干湿引起的可溶盐结晶与潮解，以及自然界中的雨水、地面水或地下水、污染气体等通过溶解、水化、水解、碳酸化、氧化等方式，使得砖坯墙体表面酥碱粉化。

另对于返碱问题而言，研究表明：在造成墙体返碱的诸多因素中，制作砖所用的黏土等原材料含可溶性硫酸盐，是造成返碱问题的内因，而水的迁移作用则为返碱的主要外因。目前用于古建工程的新烧制青砖含有一定量的可溶盐，由于灌浆材料本身含有大量水，再加上可能存在的灌浆不饱满、密实度差问题，会加速墙体内水的迁移。水在迁移过程中，携带了砖体内部的可溶盐，这部分可溶盐在墙体表面反复溶解、结晶即形成碱。

4. 加固方法

（1）拆砌。基于古建墙体的典型残损问题，参照本节的"评估内容"部分，墙体出现残损时，宜首选拆砌方法。（图5-75）

拆砌旧墙体要尽量按照原形制、原材料、原工艺、原做法。对旧墙体存在的先天

▲ 图5-75 拆砌

不足，比如碎砖墙、用大泥砌筑，墙体内外缺少拉结等弊病，在不影响墙体外形的前提下，可以辅以现代的科学技术手段和措施来改进，如提高砌筑材料的强度，增强墙体内外的拉接等。

拆除原有墙体时，从安全角度考虑，应对墙体采取支顶措施，以避免墙体倒塌。同时，对于承重木构架，也应使用杉篙进行支顶，以作为保护措施。拆除墙体前，应检查柱根是否糟杇，是否需要墩接。柱子作为主要承重构件，其完整程度对木构架的稳定性影响很大。若需要墩接柱根时，完成墩接后方可拆除墙体。拆除墙体时应该由上往下拆，整砖整瓦应予以保留，并按类别存放，以备重新砌筑墙体时使用。

（2）托换。即对墙体进行临时支顶，将下部掏空并进行加固，之后恢复原状的加固方法，通常是用于墙体本身完好或墙体附有文物不便拆砌，而主要残损位置位于墙体下部时的加固措施。如图5-76为山西长治市长子县崇庆寺地藏殿墙体托换照片，其加固背景为墙体存在开裂、鼓闪等问题（下部严重），但墙体又是殿内泥塑文物的支撑和依靠体，仅考虑墙体的修缮则会造成泥塑变形或倒塌。基于此，采取以下具体加固措施：首先对墙体进行水平支顶，以防止墙体外鼓，然后将底部的基石及上部2~3层

▲ 图5-76　山西省长治市长子县崇庆寺地藏殿墙体托换

砖分别移开，代以千斤顶承重，再用加固材料对空鼓部位加固使之牢固，最后将砖层及基石复位。

（3）下碱加固。一般来说，墙体下碱表面酥碱深度在 3 厘米以内的墙体，可以采用剔凿挖补的方法进行维修。方法是用小铲或凿子将酥碱部分剔除干净，剔除面积宜为单个整砖的整数倍，从残损砖的中部开始，向四周剔凿，露出好砖，见图 5-77。用厚尺寸的砖块，按原位下肩砖的规格重新砍制，砍磨加工后按原位镶嵌，用水泥浆粘贴牢固。待干后进行打点，使之与整体平整一致。当

▲ 图 5-77　墙面剔凿

酥碱深度在 3 厘米以上时，可以采取择砌的方法。即剔除酥碱的砖块，将事先准备好的砖块镶砌在墙上。择砌是用整砖，挖补是用砖片。择砌是针对成片的严重酥碱或松散的墙面，挖补是针对表面酥碱的墙面或个别严重酥碱的砖块。两者修补的程度不同。

（4）扒锔拉接。古代大片墙体有事先加铁扒锔子防止开裂的做法，且外表露明处做成仙鹤、蝙蝠等动物形状。当裂缝小于 0.5 厘米时，可用铁扒锔子沿墙缝拉接，见图 5-78 所示。上述扒锔子间距宜小于 1 米，以保证拉接效果。当裂缝宽度大于 0.5 厘米时，每隔相当距离，剔除一层砖块，内加扁铁拉固，补砖后将裂缝用水泥砂浆（1：1 或 1：2）调

◀ 图 5-78　扒锔加固

砖灰勾缝。重要建筑可在缝内灌注水泥浆或环氧树脂。该法是为了保持裂缝现状的加固，以防止裂缝继续扩大。

（5）新型材料应用。工程实践表明：墙体灌浆不充实，浆液与墙体黏结性能差，灌浆材料在雨水冲刷下大量流失，造成墙体返碱、空鼓等问题。在古建筑传统灌浆材料（即糯米、桐油浆料）基础上加入高分子材料改性剂，提高了灌浆材料的力学性能、耐污性能，增强了石灰与砖之间的粘接强度和耐水性，堵塞了墙体渗水通道，有效地防止了水分的大量迁移，提高了古建筑砖墙修复的综合性能。故宫博物院与多家机构研发的聚合物改性的糯米浆—桐油灌浆料，在故宫午门城墙、神武门城台修缮工程中得到了应用。经过几年来的监测，该法效果良好。

（6）墙体上身重新抹灰。墙体上身一般有抹灰作法。对于修补后的墙体上身，应进行抹灰。抹灰前，先将旧灰皮铲除干净，墙面用水淋湿，然后按原做法分层，按原厚度抹制，赶压坚实，见图5-79。大墙抹灰有两种做法：钉麻揪和冲筋上杠。钉麻揪即在墙面上每约一米见方的面积内，钉麻揪一枚，麻线长约0.5米，墙面横竖拉线，按规定厚度先顺竖线抹出一道灰梗与拉线齐平，各条灰梗齐平后开始抹灰，用平尺板以灰梗找平。冲筋上杠抹灰法用于墩台等大面积墙面，先在墙面四角拉线找

（a）剔除原有墙皮

（b）钉麻揪

平，将墙面分为若干大格，沿格线钉扁铁杆，沿铁杆抹砂灰梗，厚度稍超过铁杆，然后分格抹底灰，用杠尺由上往下抹，冲过铁杆灰梗，遇有凹凸不平处，加抹罩面灰 1~2 道赶光压平。

5. 小结

（1）古建筑墙体的典型残损问题主要包括酥碱、返碱、开裂、变形、空鼓等。

（2）墙体产生典型残损问题的主要原因有外力作用、施工质量、自然因素等。

（3）对于风化酥碱墙体，可采用局部替换方法；对于变形、空鼓及严重开裂或风化的墙体，宜采用拆砌或托换方法；对于开裂墙体，可采用扒锔拉接加固法；拆砌后墙体上身抹灰可采用钉麻揪或冲筋上杠的施工方法，等等。

（4）新型材料的应用，对于减轻古建筑墙体的典型残损问题有一定的促进作用。

（c）基层浇水

（d）重新抹灰

⚠ 图 5-79　墙体上身重新抹灰

后 记

　　我国有着悠久的文明和灿烂的文化，《中华文明的印迹》丛书记载和传承着其中的多个方面内容。笔者撰写的《传统文化与技艺的典范——古代建筑》，从多角度出发，揭示了我国古代建筑的文明内涵。本书中，笔者归纳了我国古建筑的纷呈类型，挖掘了我国古建筑的卓越智慧，赏析了其中的精美技艺和灿烂文化，并讨论了古建筑的科学保护方法。

　　与市场上已有的古建筑类书籍相比，这本书有着非常丰富的亮点：它以故宫古建筑为主要分析对象，较为专业地解读了我国古建筑的力与美，较为细致地阐释了古建筑的科学保护方法。已逾600岁的故宫拥有世界上现存规模最大、房屋数量最多、保存最为完整的木结构古代宫殿建筑群，是我国古代建筑的精粹。笔者通过对故宫古建筑在防震、防雷、防火、排水、防暑、御寒等方面的措施来介绍古代力学、物理学、水力学、光学、热学等科学知识在古建筑营建中的运用。以太和殿为例，通过对其建筑布局、建筑朝向、建筑造型、建筑装饰、建筑色彩、建筑陈设等方面的阐述来挖掘其中的文化艺术内涵，如"九五至尊"的建筑布局、"红墙黄瓦"的建筑色彩、"天圆地方"的建筑造型、"金砖墁地"的建筑技艺、"五脊六兽"的建筑文化等。不仅如此，笔者在现场调查的基础上，科普了古建筑立柱、横梁、斗拱、檩枋、墙体等不同构件的典型残损问题及保护修缮方法。

　　古建筑是中华文明的重要组成部分，故宫古建筑则是其中的典型代表。笔者就职于故宫博物院，耳濡目染着中华文化的博大精深，并希望能够把它传递给大众。通过《传统文化与技艺的典范——古代建筑》这本书，笔者希望能够让公众领略到以故宫古建筑为代表的中国古建筑的建筑智慧、建筑技艺、建筑美学、建筑历史、建筑文化和文化遗产保护等方方面面，提升爱国热情，推进社会精神文明的进步。

周　乾

2021 年 6 月